大地文心

DADI WENXIN

第二届中国生态文学优秀作品集

生态环境部宣传教育司 编

中国环境出版集团

图书在版编目(CIP)数据

大地文心：第二届中国生态文学优秀作品集 / 生态环境部宣传教育司编．—北京：中国环境出版集团，2019.12
（中国生态文学书系）
ISBN 978-7-5111-4130-9

Ⅰ.①大… Ⅱ.①生… Ⅲ.①中国文学—当代文学—作品综合集 Ⅳ.①I217.1

中国版本图书馆 CIP 数据核字（2019）第 227274 号

出 版 人 武德凯
责任编辑 赵楠婕
责任校对 任 丽

出版发行 中国环境出版集团
（100062 北京市东城区广渠门内大街 16 号）
网 址：http: //www.cesp.com.cn
电子邮箱：bjg1@cesp.com.cn
联系电话：010-67112765（编辑管理部）
010-67162011（第四分社）
发行热线：010-67125803，010-67113405（传真）
印 刷 北京市联华印刷厂
经 销 各地新华书店
版 次 2019 年 12 月第 1 版
印 次 2019 年 12 月第 1 次印刷
开 本 787×960 1/16
印 张 11
字 数 108 千字
定 价 48.00 元

编写说明

随着生态文明建设稳步推进，更多有时代责任感、有积累有底蕴的作家，将创作视角投放到生态文学领域。为进一步繁荣生态文化，推动生态文学创作，在全社会培育生态价值观，生态环境部宣传教育司与中国环境报社联合举办了“大地文心——第二届中国生态文学优秀作品征文”活动，希望以此为契机，挖掘更多优秀生态文学作品，感染、鼓舞、吸引更多人投身生态文明建设。

2018 年六五环境日启动以来，征文活动得到社会各界持续关注和积极响应，佳作云集。本届征文作品主题鲜明，思考深远，充分反映了生态环境保护进展成就，深刻反思了现实生活中人与生态环境的关系；参与面广，影响力大，彰显出社会公众对生态文学及美好生态环境的关注向往；另外，活动在形式上也有创新，作家们亲历污染防治攻坚战一线，深入山西大同、右玉等地开展采风活动，挖掘典型，聚焦当地生态亮点、治污重点、文化看点，采撷到一朵朵与新时代共振的生态文化的花朵。

此次将优秀征文作品汇编成册，根据刊发于中国环境报《境界》周刊的先后顺序排序，从不同视角生动展现生态环保实践，激发读者对现实的关注和思考。

在征文活动及本书编写过程中，得到很多领导、专家和相关人员的指导和大力支持，在此一并表示衷心感谢。

本书参与编写人员包括张辉、杨奕萍、张黎、王琳琳、陈妍凌等。由于编者水平有限，难免有错误和不妥之处，敬请广大读者批评指正。

2019 年 8 月

目录

CONTENTS

那村庄，美出了个新时代

◎ 何建明

著名作家，中国作协副主席，中国报告文学学会会长。已出版报告文学作品50余部，翻译文本多达十几个国家。代表作有《落泪是金》《国家》《忠诚与背叛》《南京大屠杀全纪实》等。

一

之前，我并不知道世界上还有个叫“余村”的中国村庄，也没听说过“安吉”这县名。但去之后，我真的被它们美醉了。

除了情感之外，人对自然万物的美感，应是赏心悦目的那种味道。余村便是。

你瞧：那三面环山的远处，皆是翠竹绿林的群峰，如一道秀丽壮美的屏障，将小山村紧紧地呵护在自己的胸膛间。从那忽隐忽现的悬崖与山的褶纹里流淌出的一条条清泉，似银带般地织绕在绿林翠竹之间，显得格外醒目。

近处，是一棵棵散落在村庄各个角落的大大小小的银杏树，它们有的已经千岁百寿，却依然新枝勃发、绿意盎然，犹如一个个忠诚的卫士，永远守护着小山村的每一个夜晚和每一个白昼。

村庄的那条宽阔的主干道，干干净净，仿佛永远不会留下乱飞的纸屑和垃圾。路面平坦而柔性，走在其上，有种想舞的冲动。左侧是丰盈多彩的田畴，茶园、菜地和花圃连成一片。那金黄色的油菜花，一定会将你拖入画中。沿途蹿于民宅前后的新竹，喜欢客人前去与它比个高低，那份惬意肯定令你陶醉。

这是余村最生动、最有内容、也最易感动他人的一景：看不到一个年轻人在村庄里游荡，他们的身影或是在农家乐的阵阵笑声里，或是在“创意小楼”里的电脑与网络前，或是在山涧竹林的导游路上；穿着鲜艳漂亮衣服的孩子们，每天都像一队队刚出巢的小鸟，欢快的歌声与跳跃的身姿总伴着他们走在上学与放学的时光里；老人是余村最常见的风景线，他们或三三两两地在一起欢快地聊着过去的余村，或独自或成群地聚在一起吹拉弹唱，无拘无束地表演着自己的“拿手戏”；那些闲不住、爱管事的长者，佩戴着袖章，肩挎着竹筐，像训练有素的人民警察和城管人员，时刻等候着每一片垃圾的出现和每一个不文明的行为，他们的笑脸和自己动手的点点滴滴，倘若你遇见，犹如春风沐浴，阳光温暖。

余村的美，既有中国传统式的“世外桃源”之美，更有新西兰哈比屯村的那种大自然与现代文明融为一体的美。来之后，你有一种不想再走的感觉；走之后，你的神思里总会有一幅“余村图”时不时地跳出来招惹你。

这就是今天的余村。

而我知道，2005 年 3 月之前的余村，其实不仅无美可言，且可能是全国最差的山村之一。它的差并非因贫困所致，而是缘于极度的环境污染和严重的生态破坏。那时村里人有句口头禅：“余村余村，死了没尊严，活着比死还受罪。”

二

村民们回忆说：那时我们靠山吃山，开矿挣钱，结果开山炸死人、石头压死人成为常事，死了还不如一条狗，因为炸死和被石头压死的人，连完尸都不太可能。活着的人，整天生活在漫天笼罩的石灰与烟雾当中，出门喘气要系毛巾，口罩根本不顶用。家里的窗门玻璃要几层，即使这样，一天还要扫地擦桌两三回。

“活着就要有个人样，死了也要吸口干干净净的空气，还我们一个健健康康的身体、给子孙后代留个美丽家园比啥都强。”就是怀着这样的强烈愿望，2005 年 3 月，新任村支书鲍新民和村委会主任胡加仁，带着新班子全体成员，以壮士断腕之气概，向村民们庄严宣布：从此关闭全村所有矿山企业，彻底停止“靠山吃山”的做法，调整发展模式，还小山村绿水青山！

“其实那个时候我们做出这样的决定，非常不易。”采访如今退休在家的老支书鲍新民时，他动情地说：“如果不是当年习近平总书记给我们开导，也许余村仍会回到靠山吃山的老路，倘若那样，那真是苦了百姓……”

在那个年代，余村独辟一条新的发展之路，其实是需要相当勇气和智慧的。

“我2004年年底刚刚接替村支书的职务。那时村上的几个污染严重的石灰窑都先后关了，连水泥厂也在考虑关停阶段。从环境来讲，确实因为关停了这些窑厂后大有改观，山开始绿了，水也变清了，但集体经济的收入也降到了最低点，由过去的二三百万元降到了30来万元。这么点钱，交这个费、那个税，别说再给百姓办好事，就连村干部的工资都发得困难了。过惯了月月满口袋的村民开始议论纷纷，甚至有人当面指着我的鼻子骂骂咧咧，说：你们又关矿又封山，是想让我们再回到出去讨饭的乞丐日子啊？有好几次，我站在村口的那棵老银杏树前，瞅着它发新芽的嫩枝，默默问老银杏：你说我们余村的路到底怎么走啊？可老银杏树并不回答我。那些日子，我真的犹豫不决，愁得不行。”鲍新民内心丰富细腻，他的心灵闸门一旦打开，情感便如潮汐般汹涌而出。

正当鲍新民和余村处在犹豫不决的十字路口时，时任浙江省委书记的习近平来到了这个小山村。

“我是头一回见那么大的领导。当时心里蛮紧张，本来他是来检查调研我们的民主法治村建设情况的。事先我也没有啥准备，又是从村长转任支书才几个月，本来嘴就笨，等镇上的韩书记汇报完后，我就开始讲村里关掉石灰窑、水泥厂和化工厂后，准备搞旅游的事。没想到的是，习近平同志听后便问我开水泥厂和化工厂一年收入有多少，我说好的时候几百万。他又问我为什么要关掉，我说污染太严重，我们余村又在一条溪流的上游，从厂矿排出的污水对下游的村庄和百姓危害非常大，而且我们余村自己这些年由于挖矿烧石灰，长年灰尘笼罩、乌烟瘴气，大家都像生活在有毒的牢笼里似的，即使口袋里有几个钱，也早晚都送到了医院去。习近平同志听后便明了果断地告诉我：你们关矿停厂，是高明之举！当时听到这么评价我们余村做法，我的心头一下感到豁亮和感动。他可是大领导啊！他的话不仅表扬和肯定了我们过去关矿封山、还乡村绿水青山的做法是正确的，尤其是听他接下去说的‘绿水青山就是金山银山’时，我过去脑子里留下的许多顾虑和犹豫，这下全都烟消云散了。”余村老支书说到此处，竟然激动得连拍三下大腿，站立了起来。

令鲍新民永远难忘的是，那天习近平总书记在那间狭小的村委会小会议室里，不顾闷热的环境，帮助他和其他干部分析“生态经济”为什么是余村这样的地方的必由之路和充满前景的发展道路。鲍新民回忆说：“那天习近平同志在我们余村前后停留了近两个小时，有一半时间是在给我们几个村干部分析像余村这样的浙北山区乡村的发展思路，他语重心长地告诉我们：生态资源是你们最可贵的资源，搞经济，抓发展，不能见什么好就都要，更不能以牺牲环境为代价，要有所为有所不为。一定不能迷恋过去的那种发展模式。习近平同志不仅平易近人，而且格外真心地为我们指方向，他说你们安吉这里是块宝地，离上海、苏州和杭州，都只有一两个小时的车程，经济发展到一定程度时，逆城市化现象会更加明显，他让我们一定要抓好度假旅游这件事……看看余村，再看看安吉的今天，习近平同志当年说的事，现在我们全都实现了。水绿了，山青了，上海、杭州还有苏州，甚至外国人都跑到我们这里来旅游度假，给我们口袋里送钱……”

走在熟悉而美丽的村庄大道上，鲍新民不时一边感慨，一边指着自己的美丽村庄对我说：你可以去听听村民们是怎么说的。

三

在一户村民的院子门口，竖着一块醒目的牌子——“春林山庄”。

“坐坐，喝杯我们山村的天然矿泉水吧。”女主人春花笑盈盈地端茶让座，令人格外温馨。男主人春林则告诉我，“春林山庄”是他夫妻俩共同起的店名。

“要说咱余村人的思想观念变化和余村山水面貌的变化，真正开始就是习总书记来之后。”春林说，2005年之后的余村，自然环境确实一天比一天好。像他这样的年轻人，还是头回发现原来自己村上的山水这么美、这么秀，尤其是一条从山的深处湍流而下的溪河在村中穿越而过，滋润着余村的每家每户。

“我们的村庄和农田，正巧在溪流两岸，冬暖夏凉，宜居宜耕。还有一处千年古刹，一个深藏在大山腹部的天然溶洞，里面奇景百态，妙趣横生，再加上余村最丰富的毛竹青山，你说美不美？有一次我带着一位在水泥厂工作时认识的外地朋友到我家玩，请他吃了一顿土菜，他竟然一连住了三天，说不愿意离开这里，想在余村过日子。说这里所有的东西都是天然的，连空气都是城里人拿钱都买不到的宝贝，说春林你要开个店，开个农家乐，我就带着全家人每星期来一次，喊着朋友们一起来，吃住在你家，给你付钱，保证让你不出门就发财！”

“不出门就发财，你说这样的梦谁没有做过？我就做过好几回！”春林笑着坦言。

就在这个时候，余村村支部和村委会也正式开始向村民建议利用村上绿水青山的自然资源和美丽环境，开设农家乐。客源和服务方面由村上帮着做，赚了是大伙儿自己的。

“这样的好事谁不做就是傻呗。”春林说，“我停了在镇上承包的饭店，决意回到村上办自己的农家乐。”

春林被自己家乡的美景吸引着，更被习近平总书记指引的发展方向吸引着，他要用自己的行动证明“绿水青山就是金山银山”。

与所有的农家乐一样，春林的农家乐开设在自己家，但原有的房子并不是按照招待客人的旅店建造的。春林比其他农民家走在前头，不是采取在原有房间陈设的基础上换个床单、清洗一下马桶而已的方法，而是对老房子进行了“翻修”。

“春林山庄”的生意就是这么一点点发展起来、一天比一天红火。

“说说你现在的固定客源有多少？”我问春林，他笑而不语。我便转身问心直口快的春花。

春花拍拍围裙，两眼望着天花板，费了好大劲挤出一个数字：好的时候，一天赚一两万元吧。

一年 365 天，如果有一半时间算生意“好的时候”，一年下来就是三五百万呀！

“你别信，他们是给你打了‘埋伏’，只说了个‘零头’……”村干部在一旁说。

哈，这么厉害呀！我不由从心底头为春林、春花高兴，同时也感慨万千：当年习近平同志留下的一句话，撒下的是一片金色光芒！

难道不是吗？

四

说余村，除了满山遍野的绿林翠竹外，你不能不说那条穿过村庄的“余村溪”。

那一天，老支书鲍新民领我沿着蜿蜒崎岖的山路向深处攀行，登上余村的一座峰顶。

“你看，我们余村像不像一只‘金元宝’，三面是山，一面敞亮，重峦中间是一片狭长的平原，生息着我们余村的世世代代……”

就在此时，我回首俯瞰的不经意间，被山峦间的一道“哗哗”作响的溪流所吸引——那溪流沿叠叠岩崖顺势而下，时而在岩缝间涓涓细流，时而在峭崖边奔腾咆哮……

“啊，我找到啦！找到啦！”那一刻，我情不自禁地叫了起来。

“你找到啥啦？啊，你找到啥啦？”陪同我的老支书有些失惊地问。

“我找到余村众山的‘仙’了！”

“哈哈……‘仙’在哪啊?!”

“在那——那不是‘仙’嘛。”我指着山涧哗哗作响、流彩闪耀的溪流说道。

“嗯，这你还真说对了！”老支书频频点头，说，在余村，在安吉，有个说法是“一分地七分丘，还有二分是溪流”。这“一分地”想养活我们这些人是难事，那“七分山”若没有水的滋润，也等于是石头一块，啥都不灵。溪谷之水是我们山村和安吉百姓能不能活下去、活得好不好的仙灵之物！

是的，在我步步深入余村之后，渐渐明白：这里的绿水青山，原来不仅是大自然衍生的灵性之物，还是今日百姓幸福致富的活水源头……

余村的这条被村民们称为“母亲河”的溪流，几百年来，数百户农家，皆邻此溪而居，吃的喝的用的洗的，从没有离开过这条溪流，即使是在冬天，虽然溪水无法与夏日的滚滚洪流相比，但仍然足够供给村上几千口人。

“胡加兴靠这条溪可是发大财了！他搞的漂流远近闻名，日进斗金哩。”老支书这么说，我有些不信：小小余村，区区乡间小溪，何能漂流？

主人胡加兴出现了！

“小看我们山里人了吧！”这是一位少有的乡间风流倜傥人物：五十开外的人，依然英姿帅气，关键还总挂着一脸笑相。

“2005 年之后，村上按照习近平同志留下的那句‘绿水青山就是金山银山’的话，苦干实干了几年之后，山变青了、水也干净了。我呢，就是被村上的这条溪流吸引，扔下了在外面的苦生意，顺着这条涌动的溪水，开始走上一条‘捡金子’的致富道路。”胡加兴说着说着，“噗”地从凳子上站起，指着屋前的溪河，脸上笑容大开。

村上对胡加兴搞“漂流”的想法很支持，并且对原溪流道进行了整治。2008 年 5 月 1 日，余村“荷花山漂流”正式开张，那天胡加兴动员全家老小外加几户亲戚，一齐充当“漂流”管理人员，同时村干部也跟着义务上岗。

从此，小山村的溪流间，水声挟着叫声与笑声，震荡在绿水青山间，好是热闹，并且吸引了一批又一批来自上海、杭州和南京，甚至是北京的“漂客”。

“胡老板这个‘漂流’搞起来后，把我们余村青山绿水的水平也一下提升一大截。”老支书介绍说，胡加兴和余村的这个漂流项目是安吉乡村游同类项目中最早的一个。能够把漂流作为运动与旅游项目的关键一条，首先是需要水质清澈干净，水温适中。我们余村的溪流做起了漂流运动与旅游，这从另一个角度也证明了我们这儿的山水生态环境达到了相当好的程度。

走在熟悉而美丽的村庄大道上，老支书鲍新民时不时地感叹着，他的眼里闪动着晶莹：“做梦都想不到，习近平同志当年给我们指引的这条路，让我们的村庄彻底地变了，变得连我们自己都想不到的美，村上的人，现在不仅生活幸福了，情操和品位也大大上了台阶。今天再看余村，感觉就是换了一个时代！”

是啊，在余村，在余村所在地区的安吉、湖州，以及整个浙江大地，我与鲍新民一样，眼见为实地看到了一个发生在身边的全新的、如旭日冉冉升起的新时代，这个时代叫“中国时代”，她正如拂面的春风，扑面而来，是那样清爽而炽热，激荡而朝气，幸福而美丽。

是的，一个伟大而全新的时代从这小山村开始……

代言扬子鳄

◎ 陈建功

著名作家，中国作协副主席。

十几年前，中国野生动物保护协会想邀请几位作家做濒危野生动植物的代言人，在其间穿针引线的，是一向热心于环保和野生动植物保护事业的高桦女士。当时，我被公务纠缠，忙得一塌糊涂，就在这忙乱中，作家方敏选定了为大熊猫代言，赵大年则属意大象，陈昌本则与金丝猴结了缘……几天后，高桦告诉我，因为四处寻我无着，只好把扬子鳄分配给了我。

闻知此事的几个朋友都忍不住笑，我知道他们笑什么。和金丝猴结缘，和大熊猫攀亲，大概不乏美感，而为扬子鳄代言，大概有“为丑陋代言”的味道吧？我也是直到那时才知道，原来扬子鳄是需要人类关心、为之奔走呼号的濒危物种。

最早见鳄鱼，是在好莱坞的电影里，大多是某男某女掉进了泥塘，突然发现池塘中有鳄鱼，发出撕心裂肺的惨叫。真正和鳄鱼有接触，是在泰国的鳄鱼公园。当时，我和游客从竹木搭成的架空桥上走过去，脚下就是横七竖八、昏昏入睡的巨鳄。其首若龙，身躯庞大，遍布鳞甲，像一具具生铁铸就的怪物静卧在泥淖之中。其时巨鳄们一动不动，却有淑女游客惊叫起来，勾起我对好莱坞电影画面的回忆，不禁有些脚板发麻。忽而又想起了韩愈的《祭鳄鱼文》，由此知道在古代中国的南方，鳄鱼是为过大害的，由此对鳄鱼的印象，基本上已定型。

问题在于，人类是否应该根据自己的好恶，决定一个物种的存亡。

扬子鳄濒临绝境的原因很复杂。但自然生态的恶化，应该是一个物种的灭顶之灾。当然，如果和它的“同代人”恐龙相比，扬子鳄已属幸运。把这水陆两栖的爬行动物叫“鳄鱼”，实在是民间的误读。但是，也就是这“鱼”性，或许才使它在恐龙灭绝的时候，游刃有余，得以躲过一劫。就这样，它们成了江河湖泊沼泽滩地的寄居者。然而，前一劫躲过，后一劫就难逃了。

人类文明的进程疯狂地挤压着扬子鳄的栖息地，江河湖泊在被污染、被填埋，湿地沼泽在大面积缩小。《中国青年报》曾载文：“扬子鳄在稻田和池塘间徘徊”，该文引用了著名动物保护学家约翰·瑟布贾森纳充满感情的描述：“它们是因为耕地的扩张而成为流亡者的。”“它们再也没有栖息地了。它们在一片又一片的耕地中徘徊，去寻找一块可以生活的地方，但它们自始至终都没找到过。它们很少能在野生环境下繁殖了。”

啊，我们自豪的鱼米之乡，原来也是于行有愧。当我们的家园被异族侵占时，我们热血偾张，誓与热土共存亡。而我们人类，却是扬子鳄家园的侵占者。它们只能迁徙流亡，最后归于绝灭。我们在改天换地的豪迈中，是不是应该有一点负罪感？

后来，我做了一个梦，梦见外星球来了一群新新居民，他们视人类如草芥，驱赶着我们落荒而逃。但是，唯有安徽是新新居民们不动的乐土。据说是因为这里的人们具有“生态道德”，可以免除惩罚。一觉惊醒，哑然失笑。破解此梦，也是很容易的——因为我在那天睡觉之前看过另一篇报道，说安徽在保护扬子鳄方面，做了很多工作，建立国家级自然保护区，保护野生扬子鳄栖息繁衍的生态环境，通过人工繁育扩大扬子鳄数量，人们在努力从毁灭的边缘，夺回这一宝贵的物种资源。

据报道，现在人工繁育的扬子鳄数量超过两万了，可以称作“子孙满堂”。但是，人们还是不能过于乐观，因为与人工繁育的成功相比，野生扬子鳄种群的恢复速度受栖息地破坏等原因影响，进展十分缓慢，尚未彻底走出“濒危”困境，保护前景仍不容乐观。

与大熊猫、东北虎一样，扬子鳄是我国特有的珍稀物种。我愿继续代言扬子鳄，呼吁人们将心比心，留多一些湿地给扬子鳄，让它们过上“安居乐业”的日子。

荒 沙

◎ 徐刚

著名作家，主要著作有《伐木者，醒来！》《中国，另一种危机》《守望家园》等。曾获选“世界重大题材写作500位”之一。

大荒者，大荒漠、大荒凉也。何以称大？因其细小而称大也。荒漠之中被称为沙的一个颗粒，其直径介于0.05毫米到2毫米之间，可谓细小。细小的沙粒相依相陈，弥漫无际，成为沙丘沙山。乘风而动，扬沙成暴，是为流沙。流沙奔涌若巨川，掩埋了西域三十六国、丝绸之路、明长城、古阳关，此非大乎？

中国沙漠、沙漠化土地面积为172.12万平方公里，占国土总面积的17.93%，超过全国耕地数，而沙漠化还在每时每刻推进扩大之中。

我被大荒召唤，也为历史吸引，沙的历史，荒沙掩埋的历史。中国西部为什么会有如此浩瀚的沙漠、如此细小的沙？而荒沙之下，除去楼兰女尸、流沙坠简之外，还有多少蛰伏的神秘与神圣？人在荒沙之中怎样生存怎样爱？怎样娱乐怎样死？当灵魂飞天，晴空之下、荒沙之上，会不会更加从容优雅？只要没有风，荒沙便宁静，宁静至极。荒沙的每一粒，如婴儿酣睡，铺陈于大漠的是梦、梦境，不可言说，能见其柔嫩的外表，起伏连绵，若塔若丘，是大漠之风随意为之的银钩铁画似的线条……

先造山，再造沙漠。沙是山和风与水的杰作，是作品，是大自然的艺术，“这种显现在作品中的光亮就是美，美是真理显现的一种方式”（海德格尔）。塔克拉玛干沙漠中，有一座名叫玛扎塔格的红山，红色的山，玛扎塔格是维吾尔语，“坟墓山”之意。在风化的岩石、岩层中，有零散破碎的海洋生物的化石——这里是2800万年前古地中海的海滩。不可思议的地质运动，将幽暗的海底抬升，成为山脉。红色是当初极为炎热，或者火山爆发的证明，零散的生物化石，记录的则是生命被粉碎的最后时刻。

曾经有更多的山与玛扎塔格山相望相闻，太多的山在风化与剥蚀之后，便任由热风揉搓，揉搓着巨大，揉搓着嶙峋，揉搓着最后的坚硬，揉搓成细小。这单个沙粒的细小，可以忽略不计，无数的细小，则成了无边的荒沙、无尽的燥热。坐在塔克拉玛干沙漠腹地的一个沙丘上，西下夕阳依旧如此炽热，我感觉着在极旱、极热时，生命怎样被丝丝缕缕地蒸发，却又不留痕迹，所有的汗水刹那间蒸腾散尽。

沙漠车的司机催我赶紧走。

我要再看一眼夕照大漠的辉煌，以及沙山沙丘之间的光亮，宁静的光亮，带着金色与红色的光亮。在塔克拉玛干，就连“十万大山”之类的词语都是苍白的，如此细小的沙粒，铺展、堆砌出如此浩大的沙漠，如今目力所及，都在落日余晖的观照下，绵延起伏，迤逦而去，交织着生的渴望，死的诱惑。光亮渐显暗淡，宁静变得深邃。月亮已经升起，很快便会明镜一般悬挂在大漠上空，荒沙也爱照镜子吗？沙漠中没有电灯，沙漠中只有夜的黑。

我感觉着苍凉。宁静中生命飘逝的感觉，其为苍凉乎？

感觉苍凉，就是感觉生命，感觉一沙一世界。

我与苍凉同在时，看见高大的倾坍了、粉碎了，细小的将与岁月共存。

当繁华时，我不是我；当荒凉时，我才是我。

面对沙漠就是面对两种极端：无风时的极端宁静安详，有风时的极端无序迷茫。就其本质而言，又该怎样言说沙漠？20世纪30年代，英国物理学家巴格诺尔德在考察利比亚的沙漠后说，在沙漠中“惊讶地看到一种形式上的单纯性、重复的准确性与几何的秩序性。在自然界中，在超出结晶规模的构造上，实为罕见”。让人目瞪口呆的是，“大量的重达数百万吨的沙子堆积坚持不懈，而又以规则的陈列沿着地面移动，并且保持它们的形状而增长着，甚至以模拟生命的方式繁殖着，即便最有想象力的头脑，也为之困惑不解”。

人的困惑是沙的荣耀。

大自然生成的一切，都是有序的生命体，是这个世界上人所不解的伟大艺术，并且显现一种真理，“所有的偶然都指向必然”（蒲柏）。

巴格诺尔德还在埃及西南部，“有两次，在寂静的夜晚”，突然听到沙漠中的轰轰隆隆声，“这个怪诞的合唱持续了5分钟”，鸣沙也。沙宁静，沙淡泊，沙细微，沙无声，沙何以鸣？韩愈谓：“大凡物不得其平者鸣”，“金、石、丝、竹、匏、土、草、木，物之善鸣者也。”土善鸣，沙何以不鸣？鸣沙处皆在沙丘沙山间，沙有不平也，风挠之者鸣。

鸣沙记载之于中国，早在2000年前，敦煌鸣沙山可证。而鸣沙山的存在更早于汉武帝设敦煌郡县前，很可能是牧人闻沙鸣，因有鸣沙名。

我走过中国八大沙漠，除偶尔深入腹地旋即返回之外，更多是在荒漠边沿、风沙线上行行复行行。那是一览无余的敞开啊，何等胸怀，如此坦荡。但，随即我又看见了遮蔽，沙的层垒叠加之下是什么？在年降雨量不足30毫米、20毫米，年蒸发量超过2000毫米、3000毫米的极度干旱中，沙与草怎样生存？倘若人仍不以水为至珍至宝，何能得救？

无风时沙漠是宁静的，固定的沙丘是美的。风起沙扬成为沙尘暴，流沙推进时，这一掩埋家园、沙进人退的土地荒漠化的过程，则是人类的灭顶之灾。

荒沙是拯救者。

想到了大城中的奢华浮躁，挥霍浪费的水和食物。

人类面临着缺淡水、缺耕地的严峻时刻，唯敞开而又遮蔽的荒漠，才是阳光普照的思想库。迄今为止，除了石油和煤炭，我们一无所获，有权有钱的人离开大漠很远，人类仍然视大漠为畏途。

荒沙不是精神。

荒沙拥有精神。

荒草的种子

◎ 张抗抗

著名作家，中国作协副主席，黑龙江省作协名誉主席。曾获鲁迅文学奖等多项文学奖。代表作有《隐形伴侣》《赤彤丹朱》《张抗抗自选集》（5卷）等，多部作品被翻译成英、法、德、日、俄文并在海外出版。

你或许已经去过内蒙古大草原，在途经的那些城镇，你识别出了正被绿草一日日修复的荒漠和碱滩吗？你或许即将出发去草原，听说过蒙草集团坚持多年的“小草扎根”吗？你或许还没去过草原，但在你生活的城市，那些如茵大草坪、绿色的园林、五彩斑斓的花海和花田，是否让你心旷神怡养眼养心？你或是你的孩子，或许已经在“快乐小草”的草坪上打过滚儿？

“快乐小草”是蒙草集团新推出的全产业链服务：可自我再生的运动草、足球场草坪、走路草坪……让你与韧性皮实的小草们亲密接触。那么，你是否想过，它们的种子来自哪里？

草原草原，草是原野和草甸的精气神儿。

蒙草集团，上天派来维护草原的使者。

很多年了，小草在顽强地生长。小草注定不会长成大树，小草只是长成更多的小草，大片大片的小草，更坚韧更抗寒更优质更节水的小草，从北到南地繁衍蔓延，去覆盖更多的荒滩、矿区、边坡。蒙草人每年在那些需要草地草皮草坪的地方种草，要满足现代社会越来越多的草需求，就必须培育并提供海量的草种，俗称“草籽儿”。那些优质草籽儿的基因只能从草原野生草本中获得，如今聚合在这里，是为了让野草野花的后代，经过杂交优化精心繁育，再回到那些逐年退化的草原与荒漠，还草原之绿之重之丰厚。那些细小的草籽儿是多么不起眼哦，那么轻那么小，一阵风来，就可把它们吹得无影无踪；一阵雨来，就可把它们冲得七零八散。它们皮壳的光滑保护层是为了防止外力的侵蚀，近于透明的翅翼及茸毛，是为了便于在风中飞翔。也许有人将其视为“杂草”，但在蒙草人眼里，它们却是播撒福音的天使。

三年前那个夏天的一个中午，在呼和浩特郊外，巍峨苍凉的大青山下，我和蒙草集团的领导钱瑞霞女士，走在种子研发基地茂密的草场上。高原的强光晃得人睁不开眼，裸露的胳膊被晒得火辣辣疼。热情干练的钱瑞霞头戴草帽，身穿厚厚的长袖外套，红色的丝巾把脖子裹得严严实实，只露出一双微笑的眼睛。草原的阳光之酷烈可穿透衣衫，女人只能用一条红纱巾来表现女性之美。可知那些长时间在室外作业的人，为遮挡高原强紫外线，需要怎样严格的防护才不会晒伤。

蒙草集团草种培育驯化基地阔大的草场，是一个草的世界。从春到秋三时三季的花草，细长碧绿的叶片、茁壮挺拔的草茎，一池池一畦畦，如块块碧玉，翠生生绿汪汪，挺立翘首匍匐摇曳。这里筛选培育出来的草籽儿，地下根系发达、耐旱耐寒，生命周期长、维持成本低，具有涵养水源、防风固沙的优良特性。俗话说：一片草能挡万丈风，“蒙草”最初命名为“蒙草抗旱”。十年来，蒙草的足迹遍布内蒙古及西北多地区，使得数千公顷因缺水而荒芜废弃的草原沙地重换绿装，蒙草也构建了“草、草业、草科技”三位一体的产业生态圈。

蒙古莸、红豆草、火龙草、连线草、百里香、山梅花、匍匐枸杞、莓叶委陵菜、二裂委陵菜、山丹花、龙丹花、黄刺玫、蒙古韭、扁莓豆、地黄、地榆、桔梗、红果、二色补血草（俗称干枝梅）、鸦葱、沙葱、细叶百合、细叶白头翁、紫花地丁、沙冬青……

它们被蒙草人亲切地称为“中国草”，一草一花自成乾坤。它们来自内蒙古草原以及西北、东北地区草甸深处，是从几千种天然草中精心选育出来的优质草种。我国自有草原原生草种资源丰富，蒙草集团研发基地十余年心血积累，目前已搜集植物标本2800余种、驯化乡土野生草种1600余种，被开发利用的已达160多种。这些草种若是在草场上混合种植，可逐步实现植被的物种多样性。集团目前已建有草原生态、盐碱地改良、抗旱植物、耐寒植物、土壤修复、沙地治理等13个专业研究院及植物种质资源库、百余亩（1亩=666.67平方米）草博园。大型基因种子库分为长期库、中期库、短期库。在低温条件下，草种最长的可保存30年。还有几千平方米的现代化温室里蔚为壮观的实验架，那些在原野上“疾风知劲草”的柔软而坚韧的小草，它们的“孩子”此刻就安静地住在实验室的玻璃瓶或标本盒里，或圆或扁，或尖或细，小小的身体里包裹着巨大的生命能量。一旦小草发芽，深绿浅绿葱绿碧绿的小草，何其喜人；一旦小草开花，金灿灿、红艳艳、紫莹莹的花朵，何其美丽。2015年新登记的野生乡土植物土默特砾苔草，抗逆性抗病虫害能力强，耐盐碱、耐践踏，前后培育历时七年之久。据统计，国外引进的人工草坪，每平方米耗水1~2.5吨，而改种耐旱的蒙草，可节水90%。在极度缺水的中国北方草原，这是一个多么令人振奋的发展前景。

用中国草修复中国草原，让绿化变得低碳节水，让绿化不再奢侈——是“蒙草人”的理想。近年来，蒙草集团已完成乌海奥运公园、包头青山国宾馆敕勒川公园、集宁区白泉山公园等多地大型绿化改造工程，集团多次获得全国荣誉奖项。在王召明和他的团队不断探索人工干预下草原自然修复生态的新模式中，用绿色偿还生态欠账、用小草为荒漠“锁边儿”、让沙地复绿，已成为蒙草人坚守不渝的信念。

每年春夏，基地培育的草种长势喜人，而混杂其中的淘汰草也随之疯长。蒙草人蹲在草场上，用双手细心拔去一株株杂草，每日浸泡在汗水里，身上的汗水未等落在地上，已在阳光下蒸发了，工作服上留下盐渍斑斑。遇上沙尘天气，从野外收工回来，洗脸水都成了“混凝土”。他们幽默地说：最美的蒙草人，一定是面庞最黑的人。蒙草集团现有数百人的技术队伍、数千名工程项目及绿化员工。除了“80后”，近年来有更多“90后”的年轻人也走进了蒙草。蒙草人若是半夜被突降的大雨惊醒，会以最敏捷的动作冲入雨中收起晾晒的草种。前几年蒙草集团就在网上发起了“为草原”活动——为草原致歉、为草原发声、为草原点赞、为草原微笑、为草原众筹。呼唤全社会更多人来关注爱护草原。在“蒙草缘”的会刊上，我看到蒙草人写下的感人诗句：“我是一棵小小的蒙草，生长在草原的怀抱”“趁得青春年少时，迸洒热汗润莽原”“谁言寸草心，报得三春晖”……

十几年前，著名的蒙古族歌唱家布仁巴雅尔、乌日娜夫妇一家，曾因一曲生动美妙的蒙古歌曲联唱“吉祥三宝”而享誉全国。他们一家人都已成为蒙草集团的终身代言人，为宣传蒙草、为保护草原，承担了大量公益活动。他们的小儿子，被人称为“草原小王子”乌达木，如今已经长成一个帅气的蒙古族少年歌手。童年生长在呼伦贝尔草原的乌达木，看到草原一年年退化，曾有一个天真的梦想：假如我有一瓶神奇的墨水，只要洒在草原上，所有的草全都变绿了，那该多么好！

天下所有爱草、爱草原的人，我们都是吉祥一家人！乌达木，就是一粒饱满结实的小小草籽儿，愿他长成郁郁葱葱的草山草湖草海。

想起蒙草集团那个大红句号加小红点儿的著名商标，回味他们的品牌标识释义：使命与责任、红色、热情、执着，同时也代表对“生态危机的警示”。那个句号含义：要为“不生态、不科学、不节能”违背自然规律的建设行为，画上一个大大的句号；那个小圆点——要努力让以“节约型、科技型、创新型”为基础的“生态文明”落下一个实实的起点。

这个大句号与小点儿，都是蒙草精神的种子，在干旱的土地上，发芽生长。

假如我们人人手中都握有一瓶神奇的墨水，哦，全世界的陆地就会变成一片绿色的草海树洋。

塞罕坝，一个绿色的梦

◎ 李青松

生态文学作家，著有《遥远的虎啸》《告别伐木时代》《一种精神》《茶油时代》《大兴安岭时间》等。曾获徐迟报告文学奖、冰心散文奖、孙犁文学奖等奖项。

塞罕坝。——啥意思？

这里，既有森林的壮阔，也有森林的细微，更有森林的饱满和丰沛。有人说，塞罕坝的森林是翡翠。也有人说，塞罕坝的森林是绿肺。

难道说起塞罕坝就一定带着森林吗？当然。森林，塞罕坝的森林真美。美得令人心醉。

换个角度看，或许印象更清晰。——绿，深绿，翠绿，墨绿。卫星云图显示，塞罕坝这片人工林海，不就是一只墨绿色的展翅翱翔的“雄鹰”吗？112 万亩，3 代人，用了整整 55 年的时间只做一件事——种树。这片林海是塞罕坝之根本，没有了这片林海，塞罕坝就没有了今天，也没有了未来。

一

时光倒转回去，早先的塞罕坝却是一片蛮荒之地。甚至被称为坝上的“青藏高原”——天高风冷水硬人横。

话说20世纪60年代初，风沙紧逼北京城。每逢春秋时节，小伙子戴风镜，姑娘戴口罩是北京街头的常态。一入冬，西北风嗷嗷叫，风沙肆虐，沙粒子砸在面上生疼生疼。

北京风沙脾气暴跟塞罕坝有啥关系？问风风不理睬，照刮；问沙沙不言语，照砸。还是问问脚步吧——脚步丈量的结果：浑善达克沙地与北京的直线距离仅有180公里，平均海拔1000多米，而北京的平均海拔仅40多米。有专家形象地说，“如果这个沙源阻挡不住，就相当于站在屋顶上向院子里扬沙子”。

必须把沙子挡住。塞罕坝恰好处在那个能挡沙子的特殊地理位置上。如果说内蒙古浑善达克沙地与北京所处的华北平原之间隔着一道门的话，那么塞罕坝就是那道门的门闩。

早先，塞罕坝也是草木葳蕤，獐狍野鹿出没之地，属于木兰围场范围。康熙曾多次带领将士来此围猎，还即兴留下过诗句“……鹿鸣秋草盛。人喜菊花香。日暮帷宫近。风高暑气藏”。

随着清王朝的没落，秋狝的弛废，大批流民涌入，肆意垦荒，断了塞罕坝的根，致使元气大伤。后又几经军阀匪寇劫掠，反复折腾，森林荡然无存，塞罕坝一片肃杀凄凉。

从此，沙魔长驱直入，那道门也闩不住了。

塞罕坝，塞罕坝，塞罕坝是啥意思？

——这微弱的发问，早被滚烫的大漠蒸发了。

二

风雪弥漫中，一个健壮的身影出现在塞罕坝。

1961 年，为了破解风沙南侵的困境，时任林业部国营林场管理总局副局长的刘琨，率专家组来到塞罕坝，但见“尘沙飞舞烂石滚，无林无草无牛羊”。考察了 3 天，他拿到了第一手珍贵资料。回去后经过专家们的反复论证，最后得出结论：塞罕坝上可以种树，可以竖起一道绿色的屏障，阻挡风沙的南侵。

1962 年，塞罕坝机械林场正式成立，任命承德专署农业局局长王尚海为第一任场长。随后，原林业部工程师张启恩带着妻儿来了，王尚海的爱人带着 5 个孩子来了，由全国 18 个省市的 369 人组成的林场第一支建设大军来了，河北承德农专的 53 名毕业生来了，承德二中刚刚毕业的陈延娴等 6 名女高中生来了，一批新毕业的大学生来了。

建场之初，塞罕坝地区生活条件非常之差。没有房屋可居住，就搭马架子，盖窝棚，挖地窨子解决住宿问题。严寒的冬天，马架子和窝棚被厚厚的积雪压塌是常有的事。

食物更是严重短缺。当地有一句谚语：“坝上的庄稼——山药蛋”。当时在坝上能够生长的农作物很少，只能种植一些适应高寒地区生长的白菜、土豆和莜麦等。

种啥吃啥。有啥吃啥。当初在塞罕坝莜面最通常的吃法是：把水烧开，把干面直接往锅里撒，一边撒一边搅拌。搅拌熟了，外表成球状，黑乎乎的，俗称“驴粪蛋儿”。大家开玩笑说，总吃“驴粪蛋儿”也不是事儿呀，人都快成“驴粪蛋儿”了，换换样儿吧。于是，伙房师傅也真费了一番心思。清水煮土豆白菜，莜面窝头。清水煮土豆白菜，莜面卷儿。清水煮土豆白菜，莜面片儿。到底是该哭，还是该笑？

塞罕坝，塞罕坝，塞罕坝是啥意思？

——也许，白菜土豆莜面“驴粪蛋儿”知道。

三

不要以为种树那么容易。不就是挖个坑，种棵苗吗？其实，种活一棵树不比养活一个孩子简单。

头两年，塞罕坝人从东北地区调来的绿化苗木，种下后，都死了。有诗为证：“天低云淡，坝上塞罕，一夜风雪满山川；两年种树全死完，壮志难实现，不如下坝换新天。”

必须弄清楚树死的原因。原来，外来的苗木水土不服，抗性太弱。要想在塞罕坝地区种树成功，必须自己育苗，育那些适应当地土质和环境生长的苗木。塞罕坝人开始进行技术攻关。首先攻克了在高寒地区育苗这一关，继而在塞罕坝地区育苗获得成功。之后，又改造了苏联进口的种树机，用机械种树也获得了成功。塞罕坝营造百万余亩人工林的大幕，就此拉开。

马蹄坑，是塞罕坝人选择的头一个战场。经过 30 多个昼夜的奋战，近千亩落叶松小苗扎根在了马蹄坑，塞罕坝人终于在这片荒凉的土地上，种下了自己亲手培育并植造的第一片林子。

“文革”期间，别处一片喧嚣，塞罕坝人却只顾埋头种树。数字是鲜活的，也是灵动的。1966 年以前，塞罕坝林木种植面积 3.4 万亩，1966 年种植 5 万亩，1967 年种植 6 万亩，1968 年种植 5 万亩，1969 年种植 5 万亩，1970 年种植 6 万亩，到 1983 年，塞罕坝上林地面积已经达到了 110 万亩。

这一组数字的背后，洒满了塞罕坝老一辈建设者的血汗，凝结着塞罕坝老一辈建设者的绿色情怀。他们几乎是用生命的代价换来了这片林海，在荒原上竖立起了一座绿色的丰碑。

塞罕坝，塞罕坝，塞罕坝是啥意思？

——林海无语，丰碑无言。

四

林子多了是好事也是难事。难就难在防火。

尽管时令已经进入3月，许多地方是暖融融的春天了，但塞罕坝依旧是白雪皑皑，冷风刺骨。护林员陆爱国和妻子王春艳，已经在这里坚守了15年。

“心里那根弦，整天绷着。不敢有片刻懈怠。”身穿迷彩服的高个子陆爱国一边架起望远镜，一边一字一句地说，“一般每年的防火重点期是3月15日—6月15日和9月15日—12月15日，这6个月必须要住在望火楼里，15分钟汇报一次瞭望情况。”

我瞥了一眼桌上的电话，心里充满敬意。

当好护林员除了要有强烈的责任心外，还要有过硬的观察本领。为了熟悉地形，尽快报出火情地点，夫妻俩把从望远镜里所能观察到的山头、洼地都一一编成号，牢牢记在心上。一旦有情况，报警时马上就能说出地名和方位。通过长时间的对比、观察，他们还熟练地掌握了一套识别烟火的本领，能在最短的时间内，快速准确地识别出是烟、是雾还是霞光。

陆爱国1962年出生在塞罕坝，他的父亲是林场的第一代创业者，他的大儿子现在林场的扑火队开消防车。可以说，一家三代都是务林人。

我问：“山上生活寂寞吗？”

“马鹿、狍子、野猪、山兔、野鸡、黑琴鸡等野物常常来光顾望火楼，让我们觉得，这山上不光是我们两个人呢。”停了停，王春艳继续说：“曾经有一对驻守望火楼的夫妻，他们的孩子是在山上生的，也是在山上长大的，可由于平时交流少，都 3 岁了才只会说几句话。”

我望了一眼汹涌的林海，一时不知该说些什么。

塞罕坝共有 9 座望火楼。个个高耸，座座威严。毫无懈怠地矗立在林海高山之巅。每一座望火楼上都有一双瞪大的眼睛，注视着森林里一草一木。

建场五十多年来，塞罕坝百万余亩人工林海，没有发生过一起森林火灾。

寂寞守望，孤独坚守。——这就是塞罕坝护林人的生活。

可是，我还是要问：塞罕坝，塞罕坝，塞罕坝是啥意思？

五

塞罕坝意味着什么？塞罕坝代表着什么？该回答这个问题了——塞罕坝人说，塞罕坝是蒙语和汉语的组合。塞罕是蒙语，美丽的高岭的意思；而坝是汉语，台地的意思。把它们组合在一起即可表述为美丽的高岭台地。原来塞罕坝竟是一种有高度有广度有厚度的美呀！

塞罕坝已经不是一个地理的存在，而是几代人理想的集体和个体的集合，是一种生活的气息和氛围，是一段飘荡的情绪和记忆，更是一个不朽的绿色传奇。

忽然想起两句话——一句话是“山厚水厚人忠厚，山薄水浅人轻浮”，另一句是“森林涵养水源，生态涵养文明”。

置身塞罕坝壮美的百万亩林海，倾听着松涛的声音，深深呼吸一口那弥漫着松脂芳香的空气，顿时有一种洗心润肺的感觉。隐隐地，我对塞罕坝似乎又有了一层新的理解——塞罕坝就是绿水青山，塞罕坝就是金山银山，塞罕坝就是我们心底那个绿色的梦。——那个梦，并非虚幻缥缈，并非无根无蒂，那个梦真真的，就在眼前。

塞罕坝！——塞罕坝！——塞罕坝！

右玉种树

◎ 叶梅

中国作协主席团委员，著有小说、散文、报告文学等，近期作品有小说集《歌棒》，散文集《根河之恋》《美卿，一个中国女子的创业奇迹》《强国重器》等。

右玉种树，年年都种，一年又一年，如今种了70年。

沙窝子里长大的娃娃王德功说：“70年前那风啊，春天要刮4个月，秋天要刮4个月，就像成群结队的骆驼一样，呼呼的、一高一低就过来了，哎呀呀，没法儿躲。”

风刮过的地方什么都留不住，草不生树不长，只有满地的沙子，以及掩埋在沙里的白骨。娃娃们夜里跑过的时候，那闪闪灼灼的“鬼火”会紧追着娃娃的脚步，吓得人魂飞魄散。

右玉这名字，听来像是一个美妙的女子，但过去它只是一片荒凉的不毛之地。

右玉现在山西朔州，古来属雁门郡，是兵家必争的西北要塞，重镇杀虎口便是贯穿东西要道的咽喉。历代纷乱的战火焚烧尽大地上的草木，风沙一层层掠去越来越薄的土壤，剩下的尽是裸露的沙子，这片离内蒙古毛乌素沙漠只有100多公里的地方逐年沙进人退，有外国专家曾经建议全县整体迁徙。

1949年10月23日，新中国刚刚建立，还未来得及抹去战场硝烟便来到此地担任首届县委书记的张荣怀，登上了右玉的风神台。这风神台一直是右玉人心中最大的寄托，每逢风沙肆虐时都要到此拜求，请风神行行好，不要刮走了好不容易种下的一点莜麦、谷子和豌豆。

而张荣怀不是来拜风神的。这位曾经战场上的指挥员面对全县人民发出了植树造林、治理风沙的号召，掷地有声道："右玉想要富，就得风沙住，要想风沙住，就得多栽树，要想家家富，每人十棵树。"

他带头甩开膀子，在沙地上挖好一个个树坑，从几里地外的苍头河挑来河泥，倒进沙坑垫底，再放进小小的树苗，围根，填土，浇水。

沙堆里种树真不容易，刚刨出的坑，不一会儿就又被沙子埋住了。只能边刨边栽，沙子不停地往下陷，得手快眼疾，镐头铁锨施展不开，就用双手刨；一个人不行，就围上几个人一齐刨，七手八脚地刨出坑，赶紧垫上河泥、放下树苗，这才松了一口气。

栽活一棵树比养大一个娃还要难，这话一点不假。眼巴巴地，天天瞧，月月盼，头年种下的树眼看伸直了腰，长出了绿叶，可还没来得及笑逐颜开，秋来一场拔地而起的大风，冬来一场严酷难当的冰霜，一片片地就又都倒下了。

好男儿，好女子，不流泪不伤悲，第二年重新再来。

春风吹拂的时候，再次挖坑、挑泥，放进小树苗，围土、浇水，那些希望的目光注视种下的小树，期盼它们生根长大，绿树成林……这就是右玉人做不够的梦。

再到秋去冬来，幼苗仍然大片倒伏，但终于有了顽强活下来的小树，它们才真的成为右玉人的孩子，懂得把根深深地扎下去、再扎下去，直到能吸吮到大地母亲的乳汁。

生命的奇异在这里呈现，每一年都有新生的小树在狂风中摇晃，它们在荒漠里如兄弟姐妹般相互依靠，甚至在地底下的树根也紧紧相连、盘根错节，以抵御风的撕扯。最后，一棵、又一棵小树终于站立稳当了，在沙丘上、荒砾中、沟洼里、山梁间，它们让右玉人欣喜若狂地站直了。

哦，孩子。你们就是右玉人至爱的孩子。小树们与生俱来地懂得，它们的生命来自那些长年在沙坡上啃窝头、喝凉水的人们，他们浇注给树的不仅是从远处河流肩挑背驮而来的清水，还有不停流淌的汗水，有他们热血充盈的青春，携带着酷爱家园、守土有责、世代相传的基因。

因此右玉大地上的树，注定不是温室里的花朵和盆景，右玉人有多顽强，它们就有多么耐寒耐旱耐风霜；右玉人有多执着，它们就会有多么努力地扎根与生长。

70年里，右玉人把种树作为第一要务，一届又一届县委书记、县长从来没有放弃或松懈，不断传递着绿色的接力棒，只有起点，没有终点。“换领导不换蓝图，换班子不换干劲”，一任接着一任干，一棵接着一棵栽，他们为种树倾注了人生最精彩的智慧才华。

在如今人们的记忆中，右玉种树就像电影回放，多少次风生水起，多少次活色生香：从新中国成立初期首次进行绿化造林的全县规划，发放林权证；到部分村庄试种成功果树林，“哪里能栽哪里栽，先让局部绿起来”；再到治理40里黄沙洼、重点流域和山丘，营造大型防风林带，兴修水库；飞播牧草、堵风口、建林带，引进草木樨种植、杨树插条……这每一个回合都蕴藏着无数难忘的奋斗。

改革开放40年里，右玉种树更是加快了步伐。眼见着办起了林业专科学校、沙棘研究所、造林基地；进一步退耕还林、封山育林、更新改造残林，扶持个人营林；构筑以“绿化带、生态园、风景线、示范片、种苗圃”为重点的生态保护网络；实行“新型煤电能源、绿色生态畜牧、特色生态旅游”。

一年又一年，荒原沙丘不停地变化着，当年人们梦想中青青的田园，郁郁葱葱的森林，鸟语花香的塞上绿洲，竟然一步步全都变为现实。右玉从新中国成立初森林覆盖率不到0.3%，到如今达到54%，大大超出了全国甚至全世界的平均覆盖水平，被誉为“国家水土保持生态文明县”，当选联合国“最佳宜居生态县”。

初秋时节，我随生态环境部宣教司联合中国环境报社组织的“大地文心”采风活动来到了右玉，目光所及之处，辽阔祥和的塞上田野如诗如画，深浅不一的嫩绿苍翠由近至远，一阵阵含着草木芳香的清风吹来，让人心旷神怡。

经过的道路两旁，密密的小树林见不到首尾，小老杨、沙棘、樟子松……这些北方树种昂然挺立，在右玉大地上骄傲地显示出坚韧不拔的品质。一排排杨树大都已有了六七十年树龄，但看上去还不足10年，因此人们爱惜地叫它小老杨，它们是第一批为右玉遮风挡沙的勇士，历经最难熬的岁月，虽然矮小瘦弱而并不垂头丧气，在一片蓬勃的绿色中倒显得十分朴素和谦廉。

或许，这也是右玉人的品格。

已是秋高气爽，但右玉的树丛中、原野里仍到处可以见到怒放的格桑花，紫的、粉的、淡黄，开得娇艳任性，无拘无束。这是个风和日丽的好日子，右玉县城的大街上开来一溜婚车，打头的车前堆满了鲜花，后面跟随的车队飘着一串串红色的气球，车队在宾馆门前停下，走出一个个打扮时尚的年轻人，小伙子西装革履，姑娘们长裙飘飘，他们气色红润、喜气洋洋。

我不由想起那位曾经从鬼火旁跑过的娃娃王德功，他眼下已年过七旬，他的青春是在种树和饥渴中度过的，今天年轻人所能享受到的滋润和美好，正是他们当年的梦。

那些种树带头人不念个人得失，只念造福子孙，带给人们深深的感动。功成不必在我，需要境界和定力，需要长期甘于奉献的付出。

在右玉绿草如茵的南山公园里，如今耸立起一座由红黄蓝绿构成的纪念碑，碑座由黑色大理石镶嵌而成，上面刻着右玉种树的词赋，还刻着一批绿化功臣的姓名：伊小秃、安贵成、刘德富、祁三、李枝、吴连喜……他们都是普通的农民。“历届县委书记、县长的名字一个都没往上刻。”王德功说：“他们说树都是人民群众种下的，要刻就刻群众代表的名字。”

没有留下姓名的种树人还有很多很多，有种了一辈子树的，有不种树心里就不踏实的，有背着娃娃种树的，有打工回家赶着种树的，有把挣的钱全都买了树种的，还有，还有……那辽阔的原野上一棵棵绿树正是他们矫健的身影，也是为他们而立的绿色丰碑。

右玉种树，好比精卫填海、愚公移山，70 年来不仅种出了一方绿色，更是种出了一种知难而进、艰苦奋斗、久久为功、利在长远的精神。它们将伴随这绿色浓郁的家园，成为子孙后代最为珍贵的财富。

一城山色半城湖

◎ 周明

著名作家，中国现代文学馆原副馆长，中国散文学会名誉会长。著有散文及报告文学集《榜样》《在莽莽的绿色世界》《泉水淙淙》《文坛记忆》等，曾获中国报告文学事业终身贡献奖。

济南是泉城，到济南必看泉，看泉必看趵突泉。

读过老舍的散文《趵突泉的欣赏》，其中写道：“泉太好了。泉池差不多见方，三个泉口偏西，北边便是条小溪流向西门去。看那三个大泉，一年四季，昼夜不停，老那么翻滚。你立定呆呆地看三分钟，你便觉出自然的伟大，使你不敢再正眼去看，永远那么纯洁，永远那么活泼，永远那么鲜明，冒，冒，冒，永不疲乏，永不退缩，只有自然有这样的力量！”

济南城百泉争涌，有名泉七十二之说。其实，历代诸家所记不尽相同。济南泉水实际上不止七十二处，仅市区就有大小泉池百余处。趵突泉、黑虎泉、珍珠泉、五龙潭四大泉群是济南七十二泉的主要组成部分，其他则隐没于济南辖区内的其他地方。

济南泉水不仅多如繁星，而且各具风采。或如沸腾的流喘，奔涌翻滚；或如倾泻的瀑布，狮吼虎啸；或如串串珍珠，晶莹夺目；或如古琴悠扬，铿锵有声……历代文人墨客为之倾倒，并留下了许多赞美的诗歌。如宋朝曾巩的《趵突泉》："一派遥从玉水分，暗来都洒历山尘。滋荣冬茹湿常早，润泽春茶味更真。已觉路傍行似鉴，最怜少际涌如轮。曾成齐鲁封疆会，况托娥英诧世人。"

有许多去济南的理由，唯有这泉水，对我的吸引力是最大的。去年五月份，我到了济南，便直奔趵突泉和大明湖而去。

百闻不如一见。天下的美景，若都能亲眼看一看，怕是看不过来吧。而这趵突泉，是必须要看的，原因就在于它的传奇。我是带着强烈的好奇心来到济南的，我来了就是要看趵突泉那三股泉水的。那天，游人很多，络绎不绝，我夹杂在人流里面，从前后左右各个角度，把三股泉看了个够。我第一感觉是，它是热的，沸腾的，从地底下奔突而出的，好像还在冒着热气。

这奔涌的泉水，我是喜欢的，喜欢它那永不停息的奔涌。我想，看到它的人，便自然脱去了他的惰性、他的怯弱，就像这泉一样，勇敢地冲决出来，展示生命的活力。我在那喷涌边流连不去。也许，许多人会发出这样的感慨，趵突泉名声这么大，走近前看了，也不过如此而已，不就是三个泉眼么。有许多人在围观，看着看着，就显单调，就感到没有什么意思了，就纷纷散开了。而我的眼里，它奔涌而出的那股子劲头，仿佛浑身有种使不完的力，带着豪气和冲劲，从地底下奔涌而出，永不枯竭。

这使我想到，它不是普通的泉，它是生命的泉，它是爱的泉。它给我灌注了生命的力量，给我非同寻常的启示。

我叹服于自然的神奇，这奔涌了千年的泉，真的将一直奔涌下去么？

济南到处都是泉水，泉水连着泉水，泉水围着城，泉水汇成湖，这些由众泉汇集而成的天然湖泊，湖底由不透水的火成岩构成，恒雨不涨，久旱不枯。由泉水汇流而成的护城河，宛如一条玉带环绕古城。而大明湖，则更是秀美中见神奇。济南真个是“四面荷花三面柳，一城山色半城湖”了。这是一个泉水的城市，也是一个恋泉的城市。我羡慕济南的市民，能拥有这么远水青山的风水宝地。

因为有了取之不竭的泉水，让人感到，济南这整座城都是水灵的、洁净的、舒爽的。济南的人，个个像荷花仙子，温柔纯净。城市到处都是绿茵茵的，绿色和水色融合在一起，就有了不同凡响的美，美得令人心醉。

其他城市的喷泉，是人造的。而济南的城市喷泉，是自然的。我在泉城里走，感受那份甜美，那份愉悦，那份外乡人的羡慕，我的眼睛里满是花红柳绿，温情脉脉。

济南的泉水成为济南的骄傲，也成为济南人向世人展示其风采的实力和资本。有谁能和他媲美？世人羡慕之余也只有叹服了。一方水土养一方人，这是济南人的优越，优越感就是这么与生俱来的。当奔涌的泉水将美妙和灵气输送到城市的各个角落，这个城市就有了不一样的神韵和风采。流连于济南城，满城春色宫墙柳，水声叮咚不绝于耳，感叹自然造化，竟然如此钟情于济南，依依不舍离去，也将自然的那份偏爱独揽于怀了。

然而，也看到有报道称，随着天气持续高温干热，地表蒸发量大，以及夏收夏种用水量加大等，导致地下水位快速下降，济南泉水再次停喷。

拥有风水宝地、有泉城之美誉的济南，如今却遭受了泉水之痛。泉水用它的停喷来反抗了，反抗人们肆无忌惮地使用着泉水，挥霍着泉水，却没有人为它的安危考虑，去节制地用水。隐患是看不见的，当隐患显现出来，就变成了很大的问题。

地底下的水，也是有脉络的，正像那毛细血管，如果把脉络打断，那肯定会伤了水脉的呀。所以，看到济南患于泉之痛的报道，我心里又感到担忧，我担心，这么好的泉水，可不能让它枯竭了。听说，早些年，趵突泉有段时间泉口不能喷泉了。由于城市规模的扩大，人们喜欢的泉水，清亮的泉水，汩汩的泉水突然不再喷涌了。

这引起了济南人的恐慌，开始检点自己的行为。济南人祖祖辈辈喝的用的都是地下泉水，这泉水停喷意味着泉水可能枯竭断流，意味着济南人优裕的生活，将会因泉水的枯竭而受到影响。

恐慌带来痛苦的反思。大痛必然大治，济南人开始了治疗泉水停喷的“大手术”，实行回灌保泉措施。济南人喝的水，不再是清亮甘甜的泉水，而是经过消毒处理的黄河水了。这是自然向人类敲响的警钟。任何资源都是有限的，只有节制使用，才能保持长久。否则，就只能像济南这样遭遇泉水之痛。

竭泽而渔，只会给人类带来痛苦和灾难，最后受伤害的还是人类自己。济南人意识到了，而且正在大力改进，这让我深深感动。

黎明村的“聚散兴衰”

◎ 庄电一

光明日报高级记者，已发表各类稿件五千多篇，著有《悠悠我心》《艺苑飞鸿》《这方水土这方人》《记者的天空》等。曾获地球奖等奖项。

20年前，我来到宁夏盐池县，第一次走进“黎明村”，只因这个饱受风沙侵害的自然村，当时被风沙逼得无法生存，不得不四处搬家躲避。在几个月内，由一个完整的村，分裂成遥遥相望的4个小庄点。

记得初次踏访黎明村的那天，呈现在我面前的是断垣残壁和一浪高过一浪的沙丘。我看到，黄沙正一点一点地蚕食墙壁上的彩绘，就连村中饮羊的水槽都被黄沙填满了。

这个仅有四五十户居民的小村庄，像逃避瘟疫一样相继搬到相距一公里左右、原来也没有人居住的“南梁”“北梁”“东梁”，形成了3个规模都不大的新庄点，而留在原地、暂时未搬的只有两户。

提起风沙的危害，黎明村人都有倒不完的苦水：黄沙几乎无处不在、无孔不入。每天早晨起床，被褥上都有一层黄沙，就连锅碗瓢盆也都变成了盛装黄沙的容器。一场大风刮来，村中的道路就被一道道沙梁封堵，各家各户院墙内外都堆满了黄沙，一连几天都清理不完。

以搬家来躲避风沙，对黎明村人来说，确实是无奈之举。但是，令他们惊悚不已的是：风沙如影随形，并没有远离他们，他们搬到哪儿，风沙就跟到哪儿，新家院落、墙角又有成堆黄沙。

“冰冻三尺非一日之寒”。当时的黎明村走到这个地步，并不是一朝一夕的。随着黎明村人口的增长和对大自然毫无节制的索取，生态环境也随之迅速恶化。而这种恶化，从20世纪六七十年代就开始了。

当时的黎明村乃至整个盐池县，对生态环境的人为破坏主要在两方面：过度放牧，乱采滥挖。超出草原承载能力的养殖和放牧，严重地摧残了本已相当脆弱的草原，加剧了草原沙化的进程。而乱采滥挖则是雪上加霜，作为优质甘草产地，盐池县在收获经济效益的同时，年复一年的挖甘草大会战，酿成了一场又一场生态劫难，也制造了一起又一起流血冲突，将盐池草场弄得千疮百孔、惨不忍睹。

与这些人为的破坏相比，由于缺经费、缺人力、缺政策，当地对生态环境的治理却严重滞后，绿化程度也很低。我第一次去黎明村时，看见村里只有三四株沙枣树，此外再也见不到别的树木。因为难得见到绿草，整个大地都呈现出缺少生机的黄色。这样脆弱的生态环境，怎经得起年复一年的破坏？

2000年，我二访黎明村，留在原地的只剩下了一户。

2002年，我三访黎明村，那里的环境还在恶化。但是这一年，值得欣喜的是，盐池县委、县政府已作出决定：将本县禁牧的时间提前到当年的11月。与此同时，各级政府采取了有力措施，果断地禁止乱采滥挖。脆弱的草原，从此得到了休养生息。

2006年四访黎明村时，留在老黎明村那最后一户人家也搬走了，旧庄点完全消失了。同时，我也欣喜地看到黎明村的“黎明”：宁夏及盐池县借三北防护林建设和“天保工程”的东风，大范围植树造林、飞播造林、封山育林，生态环境正发生可喜的变化。其中，仅黎明村所在的冯记沟乡（黎明村原来隶属于马儿庄乡，此时，马儿庄乡撤掉了，变成了马儿庄村，纳入冯记沟乡）就飞播造林18万亩、人工补播11万亩，黎明村周边的树木也渐渐多了起来。

生态环境改善了，黎明村人又有了重新聚合的愿望。于是，这个饱经磨难、曾一分为四的自然村，出现了戏剧性的变化：在最后两户搬离老黎明村之后，当年仓促搬到“南梁”的12户人家，于2011年都搬到了“北梁”，黎明村就此实现了“三合为二”。到了 2012 年，在当地党委、政府的指导和支持下，经过整合的黎明村又合二为一。

短短 15 年间，黎明村由四分五裂重新走向“统一”，经历了沧海桑田的变化。

黎明村的环境还会恶化吗？还会因风沙逼迫而迁徙吗？我在 2016 年十访黎明村时向村民提出了这个问题，黎明村人告诉我：绝不会了！

黎明村人为什么会如此肯定，他们的底气来自哪里？原来，在经历了这么多年的磨难之后，所有村民的环境意识都提高了，在他们看来，如果自己不破坏，环境就不会再恶化。

我在采访中了解到，盐池县已经涌现出一批治沙大户。原来一些挖甘草能手，不但自己收起铁锹不挖甘草了，而且自发地投巨资治理沙漠，成为治沙的功臣。而更多的盐池人，非但自己不挖了，而且在外县有人前来挖甘草时，自发地组织起来，勇敢地保护家园、驱逐“入侵者”。

尤其让人振奋的是，黎明村人都有了强烈的爱绿、植绿、护绿意识。有些村民甚至花钱购买多种树苗，自觉地在自家房前屋后大量植树。我十访黎明村时看到，黎明村里那些成排的白杨都已长得比成人小腿还粗了。

如今的黎明村，早已风沙不再。资料显示，沙化面积曾经达到539万亩的盐池县，现在林木保存面积达到了385万亩，200多万亩沙化土地全部披上了绿装，100亩以上的明沙丘基本消除，全县实现了沙地披绿、人进沙退的历史性转变，沙尘暴和扬沙天气也大幅度减少。

不仅如此，原来废弃的庄稼秸秆和柠条、花棒等固沙植物都成了好饲料。黎明村不仅建起了养殖园区，成立了养殖合作社，还一跃成为远近闻名的养殖专业村，所产羊肉也远销北京、银川等地。在外面闯荡多年的青年人回村了，一门心思想离开黎明村的人也不走了，富裕起来的黎明村人也过上了像城里人一样的生活，一有空闲便天南地北地游览祖国大好河山。

近20年的十次踏访，让我见证了这个小荒村的沧桑巨变，见证了黎明村，从一个人人想撤离的村庄，变成了一个令人留恋、令人向往、魅力四射的村庄。

黄桷树

◎ 梅洁

国家一级作家，国务院特殊津贴专家。著有《爱的履历》《生存的悖论》《一只苹果的忧伤》《梅洁文学作品典藏》等。曾获鲁迅文学奖、冰心散文奖、徐迟报告文学奖、孙犁文学奖等奖项。

我深知我生命中有一种信息：对老树、古树的敬畏，乃至恐惧，乃至神往，乃至永不改尊崇的初心。我始终相信这世间万物有灵，尤其是那些经历了几百年甚至上千年的老树。唯有它们风雨不朽的生命能够阅尽人世沧桑，能够承受苦难，能够担当救赎，能够洞穿善恶，能够安详灵魂。

我记忆着童年鄂西北乡下土房边那棵总有红蚂蚁成队爬出爬进的女贞子树，记忆着往外婆家的路上搭着数只鸟窝的金岗花栎树，记忆着我经过的神农架路边睡卧着几百条蛇的桫椤树……我每每站在这些动物、植物共栖的古树下，有瞬时的惊恐，也有默默的祝福。

然而，那些老树现在只能活在我记忆的深处，因为它们早就在那个全民“大炼钢铁”时被投进了熊熊燃烧的土高炉……

2016年4月19日上午，当我们一路吮吸着柚子花遍野的清香，来到黄门村时，我惊呆了！

眼前生命的奇古震撼心灵：两棵400年树龄的黄桷树竟在半腰处紧紧相连，连体的下部树身组成了一扇似“门”的空洞，连体上方的树身又截然分开，各自凌空成荫。

这是一道大自然奇绝的风景，铜梁人称其为“黄桷门”或“黄葛门”。

当我一眼看到这世间奇绝，当我在叫“门”的树下站定，我都想流泪，我感觉着心在战栗。是因了那走过了朝代、走过了岁月的命运艰辛，还是因了那数百年不朽的相依相拥？

黄门村的小女子在向我复述，眼前奇景被演义的传说。半生不熟的演义竟然附会给了“山上修行的小和尚和一位尘世女子的爱情”，我顿感欲言又最终无语。佛门净土，最难忍破戒，小和尚尘缘未了，面对一段真爱愿弃“法”相许。跪别师父，小和尚含泪下山。然而，女子的家人断然拒绝了小和尚的求亲，说：除非门前的百年黄桷树一夜合拢……

苍天佛祖怜悯众生，纵然破戒，也依然在一个雷电交加的夜晚，让两个昂然生长的参天大树顷刻间颓倒黏合，爱的贞烈在那一刻定格成绝世风景。

这是我听明白了黄门村小女子复述后的再复述。

听明白的那一刻，我有些忧郁，我们到底该怎样陈述生命？怎样修善人生？

我们凡胎肉身，无数梦境原本都是虚空，生命之花很快谢了，内心的荒草长满了身体。世世代代，人们是否听到了小和尚远山的哭声……

几世轮回，几劫修心。今世的我们来到了树下，看到数百年的泪水已在树根处凝固，一圈叠一圈，似团团云图，亦卷亦舒；似蛙似乳，似蟒似骨。那是树的筋脉。筋脉狰狞、暴突，皮肉绽裂、缠绕、攀缘。坚硬得不能再坚硬，凄楚得不能再凄楚。

我在黄桷树上系了一条红丝带。

我看到，在我之前，树枝上已系了许多红丝带。吾丝带与他丝带各有各的寄望，我寄望什么呢？

是因了那远古的风流，还是因了心中神圣的净土？

是对真爱的祝福还是寄望岁月冥冥的佑护？

我觉得我当时并没有想清楚这些问题，但我系上了红丝带。

突然，一个古老神秘的声音从云中传来："揭谛揭谛波罗揭谛，波罗僧揭谛，菩提娑婆诃"。

抬头仰望古苍凌空的老树，我仿佛看到拄着黄桷木杖、手持菩提念珠的"小和尚"，正立在云端，白髯飘拂……

在大同看云

◎ 李景平

山西省作家协会会员，山西环保作家协会主席。著有《绿歌》《20世纪的绿色发言》《与黑色交锋》《报人论报》《山西之变》等。

云看云冈，云冈看云，看云冈的人，也在看云。

云，是游走变幻的云，飘飘如仙，栩栩欲飞。云冈，是屹立千年的云冈，巍巍如磐，虎虎若生。

人说，云冈，是云中落在石头上的一个王朝，而云中，则是北魏王朝之后古晋大同的一个别称。

一个“云”字，极尽了这山河与天空的一种写意。

云，像天上的冈，冈，像地上的云，故曰：云冈。

云冈，这千年坐看云起云落的地方！这曾经失去蓝天也失去白云的地方！这而今回归了云山也回归了云海的地方！

一

我在云冈武周河川的绿林里看云，云是斑驳在绿树之上天空的碎玉，也是沉落在绿水之间影影绰绰的浮冰。

这里——武周山与武周河夹着的狭长山地，已生长成一片勃发着青翠、勃动着茂盛的森林绿地，一片荡漾着明净、荡洒着清纯的水堂天地。在这里，云像是挑在树梢的旗帜，又像是扑向树林的白鸽。你觉得，那云天，就是一种梦一样的存在。

然而，你也许会记起另一种梦境，一个黑色的噩梦。多少年前，这里曾经是一片煤烟缭绕的村庄；村庄之外，是一条煤尘弥漫的道路；道路再外，是一条黑水流淌的河流；而河流那侧的山坡，是一座黑山高筑的煤矿。那时候，绝少的几棵树，绝少的几许绿，完全一个黄土山地黑色的旋涡。

而在那样的旋涡里，一条煤尘弥漫的道路上，煤车呼啸而过，抛洒着漫天飞荡的煤粉，化成了乌烟瘴气的尘埃。这尘埃，与村庄的炊烟、煤矿的粉霾、山野的雾霭，混合，成为一种黑风、黑纱、黑幔、黑色的混沌，将云冈的世界淹没。

于是，武周山川，云冈凹地，成为一个黑色的世界；云冈石窟，古魏遗迹，成为一片黑色的洞窟。“云冈石窟五万石佛身披黑袈”，成为知名度远远超过石佛本身的奇闻；云冈石窟所在的大同，成了中国环境污染严重排名第三的城市。那个时候，汹涌而起的，只有无奈于黑色污染的怨艾。

后来，是一个改天换地的造城运动，拯救了大同，拯救了云冈，拯救石佛于污染灾患。曾试过清洗，给石佛清洗黑裟，却未能如愿；也做过改道，让运煤通道改线，结果并不理想。于是一个造城运动，再造一个大同，将云冈的村庄搬出云冈，将云冈的煤路移出云冈，云冈，成了一个幽静所在——将黑色的梦湮灭进历史，云冈世界荡漾出一片波澜壮阔的绿云。

二

我在云冈武周山崖的石窟里看云，云是飘飞在洞外天空的飞天，而飞天，则又是凝固于佛洞穹顶的云霓。

我想，那悬浮在洞穹的飞天，飞动了1500年，也凝固了1500年，其曾经看到的云，可是今朝的白云？那静默于穹窟的佛雕，矗立了1500年，也遥望了1500年，其如今看到的云，可是北魏的云霓？其静静看着的，默默听着的，是否曾经北魏风尘里叮叮当当、铿铿锵锵开山凿石的回声？

据说，这洞窟里的佛像，是北魏王朝开国君王的塑像。一个崛起于东北山洞的少数民族——鲜卑族，走过草原走过农田，把民族的征服刻进了武周山岩的石窟里，创造了一种融合原始文明、农牧文明的石窟文化，这本身是人类走过历史的浪漫痕迹。问题是，是什么塑造了这个叮叮当当的石上世界？

我想，应该是铁，铁器，钢。铁，铁器，钢，又诞生于什么？应该是矿，矿石，火。矿，矿石，火，又来源于哪里？应源于木，木炭，石炭——哦，石炭！这汉代就发现并产生的石炭，是我们熟知的煤炭！北魏，那个马背上的民族，那个远道而来的王朝，就用它锻铸了凿石的钢铁。

北魏也许不知道武周的地下蕴藏着厚重的煤田，但他们开凿石窟的铁器，也许开挖过裸露在地表的大同煤层。石佛肯定没想到，千年之后的大同会成为中国煤都，但那叱咤风云的钢铁，肯定开凿过发着黑光的大同乌金。尽管他们不知道，这深埋地下的乌金，亿万年前曾是茫茫森林。

幽然于石窟里俯仰远眺沉思默想的石佛，能超度尘世生命却没能超度自己。它不会想到，1500 年后会在 20 世纪中国的煤炭基地，橙色的佛袍会染成黑色的袈裟。

好在石窟终于脱去了黑色的袈裟，大同终于脱去了煤都的黑色。亿万年前的森林之地，重又生长起森林的绿色。

三

我在云冈武周山巅的土塬上看云，云是激荡在蔚蓝色的天际的雪浪，也是幻化在秋阳里的滚滚涛涛的辉煌。

要说，人们知道云冈，却不知道云冈武周山巅的世界。这片典型的黄土高原颜色的土塬，凸露着的是源于明代的武周塞的城堡。城堡已成废墟，但轮廓依然兀立。御敌的城堡，并没挡住人类的延展和对资源的觅探，并没挡住人类滚过黄土地滚过黑土地的掘进，造就了一座能源之城。

要说，人们在云冈谷看云，绝看不到云冈之外的世界。可以看到的是，云在云冈的山前，云在云冈的山顶，云在云冈的山后，或孤云独去，或银云飘逸，或长云横渡，或蓝云漫卷，一直远去远去，远到云冈野外的远天远地里去。那里，一脉青黛的山峦，耸立着熠熠银塔，在云霓里光耀。

于是终于知道了，那是城市的风电树；风电树之野，是蓝色的光伏海。这座煤都，这座山西的煤电之城，这座中国的能源基地，这个地上敞着佛窟地下潜着煤窟的地方，不仅已经再造了一个大同世界，而且再造了一个煤炭世界；不仅已经再造了一个煤炭世界，而且再造着一个能源世界。

煤炭已经“上不见天下不落地”；发电已经“烟不冲天尘不覆地”。上天的只有云，落地的只有绿。天地之间，是清风起于绿地，云霭起于绿地，蓝天起于绿地。绿地之上，这个地方，风与霾争夺着空间，蓝与灰争夺着长天，人与天共享着晴蓝。于是，大同世界，成了一个没有雾霾的城市。

我在高高的云冈山巅看云冈，天上，是山一样的绵云，山下，是海一样的绿云；云那边，那条河绿了；河那边，那座山也绿了；山之上，那座煤矿，已绿成了地质公园。那里，已经不生产煤炭不生产污染，而是只生产精神只生产文化。作为历史遗迹的煤炭工业，已深深淹没在云冈豪迈的绿云里了。

曾经，一个人和一个个人，创造了褐色的云冈和云中古都。而今，一个人和一个个人，再造了绿色的云冈和大同世界。

云冈，这看着人类风尘仆仆走过历史的地方！这沐浴了风光也沐浴了苦难的地方！这创造了石窟也创造了绿色的地方！

翠绿的云，看着蔚蓝；蔚蓝的天，看着白云；翠绿的云和蔚蓝的天，看着一座古老的云冈。

蔚蓝的天，看着洁白；洁白的云，看着绿地；蔚蓝的天和洁白的云，看着一座现代的大同。

大同，云冈，注定与蓝天与白云与绿地，一起，隽永。

雁北三章

◎ 成向阳

中国作家协会会员，山西省文学院签约作家，著有《历史圈：我是达人》《青春诗经》《夜夜神》《跑火车》等。

旷野上的蓝鲸

曾经，我来过这片旷野。

这昔日乌金暗伏的寂寥大地，这因千万盏矿灯的照耀而被惊醒并长久沸腾的大地，这在千万人的嘶喊中因一夜之间向着地心沉陷而被眼泪灌满了哀愁的大地。一连两次，当我在不同的季节抵达，它都向我的视野深处输送灰黑色的伤口。

曾经，我想来这里寻找那些昔日采煤者的后裔，想找到一两个来寻找祖宗坟茔的迁徙者，或者是那些在矿场周边留下来的人。他们被辛劳与悲哀镌刻的皱纹边缘，他们燃烧的炭块一般灼热而疯狂的瞳仁深处，必然存留有这片大地已然消退的记忆。

然而，除了雁北圆滚滚当头直射的太阳与横扫而来携带金属质地的风声，什么都远遁了。

曾经，这里鲜有喜鹊的鸣叫，鲜有野兔的蹄踪，甚至也没有花开时一只蜜蜂试探式的访问。

一个热爱自然的人来到这片旷野，那感觉，就像一个失望的渔夫正抱着残破的船板浮向更无希望的深海。

但终于，时间再一次孕育了它的可能，这片旷野再一次刷新了人类对于自然的信念。

它，神奇地复活了——

当我再次抱着生命会重生的希望来到这里，在这片昔日沉陷的旷野上，那自然无限的能量已在地心不断抬升的寂静中豁然呈现。你看，就在你惊讶中睁大的双眼前，仿佛一匹巨大的蓝鲸，在旷野的绿海中斩浪浮游。

这巨鲸，它是如此之大，它从天之尽头绵延伸展过来，一瞬间进入并漫过了你的想象，它朝着天地的另一头迤逦远去的轮廓与体积，正与眼前这片无垠的旷野相称。这绿浪间浮升的巨鲸，像是从蓝天的高处漫游过来，携带着太阳熠熠的光芒。那块块游弋的白云，是它吞吐出的浪沫，那旷野呼啸的风声，是它经行时尾鳍的一小次颤动。

这旷野上蓝色的巨鲸，它是如此超出了一个观察者的想象。你看，这蓝色巨鲸看不见的体内，已蕴积出源源不断的光伏电火。

你看，这蓝鲸，它是如此活跃，又是如此骄傲，在层叠的绿浪中，它以领跑者的姿态，携着光带着电，在旷野不息的风声里，正越过了另一重山岗。

黄昏的火山群

黄昏的火山群，橘色的太阳正以柔软的手指触抚它锥形的山峰与绵延伸展开去的锯齿样山脊。我来到这里，像一只胆小的蚂蚁第一次试探着爬进冷却后的炉灶。四周多么寂静，寂静就像隆向天空的火山群本身。我驻足谛听，甚至没有听到秋日山野的鸟鸣与虫唱，只有手指状的松果在风中相互摩擦着摇晃的声音隐隐入耳。

在火山群周围，一切似乎都已被过滤，被施加了天然的镇静剂。而火山群在视野的尽头，像隔世的隐者戴笠端坐。那曾经的砥柱天下、叱咤风云，那曾经的山呼海啸、疾火如流，如今都已是烟云过往。尘埃早已落定，它抱着一颗冷却后的内心与世安然，默默无言，垂向山下的葵花田与松树林。

我其实从未想过，自己会在秋天的黄昏时分像此刻这样从远处走近一座火山，甚至都从未有过与火山有关的想象。

所以，你就可以明白，当第一次听到“大同火山群”的时候我的内心有多么惊讶。

哦，原来我竟是睡在火山边上的一个人啊。也许，我的前世便是火山上飘下的一小粒尘埃，不然，为什么当抵近火山时，我竟然有被吸附而回到原初之感？就像一颗带铁的心，重新回到了它黑沉沉的矿脉内部。

我是怀着怎样的心情，在这秋日的黄昏背着一颗太阳走近那沉寂的火山群啊！当终于登上山野中心的平台，四面的火山便向我的眼帘涌来。一刹那间我很恍惚，只觉得自己正站在一个岛屿的边缘，看四面黑浪翻涌。当那蓝黑色的波峰向极高处隆起成形，便被莫名的力量凝固为一座座火山的样貌。

我在火山的对面坐下来，让繁杂的内心向着大地无声地诉说与汲取，让那大地的回音透过绿色植物的枝干升上来拓展我灵魂的边际。直到最后，太阳最后的余晖一霎时覆盖下来，覆盖住火山，也覆盖住我。我看到，那即将陷入夜色笼罩的火山，忽然一跃而上，用山脊上的植被一把揪住了夕阳之光最后的红色发辫。

从此，我拥有了一个难言的迷梦，在黄昏，在旷野，当风声响起，我便登高持炬，在夜色来袭时，点亮身后沉寂千年的火山。

在云冈

在天国的恢宏想象里，我想做你身边的一纹忍冬。

那些壁上雕凿的石窟，是时间洞明一切的眼睛，在穹窿形升起的幽暗处，它正透过佛的面容垂视我过路的肉身。

在云冈，仰面观佛时我的羞愧总是这样呼之欲出。

当几乎所有路人都将手机的摄像孔对准你的时候，石头高处大慈大悲的佛啊，请宽容，请允许我只用一双睁大的眼睛潦草地完成一次朝拜。

佛啊！你多么美、多么神圣。你在这云冈的石头内部托举成形的信仰，有素陶与年久的骨质一般慈祥的颜色，你因时间而生的细密的小孔也与骨孔相似，都以一种神秘而温和的声音牵引我的心跳。我作为人的惭愧，正在一次一次的举目仰视中，以块状凝聚，以气态蒸腾。

当窟外的梵铃隐隐响起，当那两只白鸟将自身飞翔的影子朝着大地投掷，我消散的思绪又在瞬间上升，成为这大地之上蓝天深处的一缕游丝。

而那些石头的粒粒微尘与佛无声的训导，已随呼吸导入我的体腔，与那石板上溅起的足音一起，在象面石雕的凝视中被带往山岗之外。

山岗之外，雁北的大地何其寥廓，而我过客的一颗心，仍是软软一隅。

它依旧保持幽暗的本质，依旧被惭愧与人间的哀愁浸满，只因你无声的垂视与温和的抚慰，它柔情的小孔开出了诸色的格桑花。是的，在佛的注视下行走，我的一颗心啊，已像莲池中游水近岸的鸭子一般，在云冈的蓝天之下嘭嘭嘭地拍打着湿漉漉的翅膀，想被那得道的白云带走。

而云冈，正像这蓝绿辉映的大海中一艘崭新的大船，载着诸佛的慈悲与众生的希冀，带着我湿漉漉的内心，驶向极乐的彼岸。

漫游在野生动物天堂

◎ 夏堃堡

资深环境外交官，作家。曾任原国家环境保护局国际合作司司长、中国常驻联合国环境规划署副代表等职，中国作家协会会员。著有《国际环境外交》《环境外交官手记》《环境外交官纪事》《绿色的行程——联合国环境署履职日志》《绿色之旅三十年》等书。

肯尼亚是非洲东部的一个美丽国家，最独特的是那遍布全国的成千上万的野生动物，号称“天然动物王国”，全国共有国家公园和野生动物保护区 36 个。野生动物在肯尼亚得到了很好的保护。捕猎或伤害野生动物是严格禁止的，违者要受到罚款甚至刑事处分。

1981 年 6 月初，我此生第一次出国，到了肯尼亚首都内罗毕，参观了内罗毕国家公园。在那里，我看到了许许多多的羚羊、斑马、猎豹、长颈鹿、河马、犀牛、狮子、野牛、狒狒、鸵鸟和秃鹫等飞禽走兽。这第一次野生动物园之旅，使我激动不已，永生难忘。回国以后，我写了一篇题为《内罗毕天然动物园漫游》的散文，发表在 1981 年 8 月

16日《人民日报》上。

此后的30年间，我走遍了肯尼亚大大小小的国家公园和野生动物保护区，看到了那千千万万千姿百态的珍禽异兽，对肯尼亚的野生动物及其保护有了全面的了解。

纳库罗国家公园：火烈鸟的乐园

1981年12月，我随时任国务院环境保护办公室副主任曲格平赴内罗毕参加联合国环境规划署的会议。会后，我们一起参观了纳库罗国家公园。这里因其数百万只美丽的火烈鸟而闻名于世。

站在纳库罗湖畔，展现在我们面前的是一个鸟的世界。鹈鹕、鸬鹚、鹭鸶、野鸭、野鹅……各种各样的水鸟，有的成群结队，有的孤独而行，有的扑扑翱翔，有的缓缓游动。

最吸引我们眼球的是那成千上万只火烈鸟。火烈鸟真美呀！它们有纤细的身躯，细长的脖子，大大的翅膀，短短的尾巴。它们的羽毛呈淡淡的粉红色，而翅膀的颜色则深些。所以，当它们停在水面的时候，几乎是一片白色，而飞翔的时候，则又是一片粉红，似晨曦中的彩霞，似初绽的玫瑰。湖岸上到处是从它们身上掉下来的红白相间的羽毛。一群群的火烈鸟排成了整齐的队伍，站在水中呱呱地叫着……

回国以后，我写了一篇题为《火烈鸟的乐园》的散文，发表在1981年12月26日《北京晚报》。

马赛马拉国家公园：野生动物的天堂

此后，我曾多次赴内罗毕参加联合国环境规划署的会议。1996—2003年，我先是担任中国常驻联合国环境规划署副代表，后来在联合国环境规划署任职，在内罗毕生活了7年，走遍了肯尼亚的山山水水，与非洲东部的这个美丽国家结下了不解之缘。

动物最多，最吸引人的一个自然保护区叫马赛马拉国家公园。马赛马拉离内罗毕270公里，乘车四五个小时可以到达，公园面积1510平方公里。这里生活着80多种野生动物，五大类和其他动物应有尽有，其中牛羚、瞪羚和长颈鹿3种动物最多时可达250万头，鸟类有记载的有450多种，是世界上罕见的。

每年7月，50万头牛羚从肯尼亚南部的坦桑尼亚塞伦盖蒂平原进入马赛马拉，另有10万头牛羚从东部的洛丽塔（Loita）山区迁徙到这里。我在肯尼亚工作期间，曾多次来这里Safari（斯瓦希里语，旅游、观看动物的意思）。

记得第一次是在1998年7月。当一幅万牛奔腾的雄伟景象展现在我面前时，我连忙屏住了呼吸，实实在在地看到了我此生最动人心魄的一幕。牛羚身躯十分巨大，像牛。它们有时飞奔，有时停下漫步，飞奔时刮起阵阵风暴，停下时传出声声鼻息。在那里我还曾多次看到猎豹和狮子追逐捕食羚羊，也看到秃鹫围着狮子豹子吃剩下的动物大嚼特嚼的情景。

在天然动物园游览，与在城市动物园观看动物的滋味全然不同。人坐在汽车里，失去了自由，而各类动物却自由自在地，或昂首阔步，或展翅飞翔，或追逐嬉戏，或静卧歇息。你可以看到蹒跚而行的大象，卧伏草丛的棕狮，静坐树杈的凶豹，戏水作乐的河马以及那成群结队的斑马、大象、长颈鹿、野牛和羚羊。如果你运气好的话，说不定还能看到一头罕见的珍贵动物白犀牛。

树顶旅馆：英国女皇两度光临的地方

肯尼亚有一个著名的旅游景点，叫树顶旅馆（Treetop Hotel）。1992年12月初，我陪同时任国家环境保护局局长曲格平赴内罗毕参加联合国环境规划署《1992年环境状况报告》协商会。会议结束以后，中国驻肯尼亚大使吴明廉和他的夫人曹杏珠陪同我们参观了树顶旅馆。

这个树顶旅馆是英国人开办的，肯尼亚独立之前就有了。那时的旅馆完全搭建在山坡的几棵大树杈上，所以称为Treetop Hotel。

1952年，英国伊丽莎白公主和丈夫菲利普亲王访问肯尼亚时，曾在此下榻。当天夜里英王乔治六世突然逝世，英国王室当即宣布伊丽莎白公主继位。翌日清晨，伊丽莎白返回伦敦登基。就在那一年，一场大火烧毁了伊丽莎白下榻的“树顶”，1954年在原址对面重建，专门建了一个女王套间。1983年，女王伊丽莎白旧地重游，在女王套间下榻。伊丽莎白两度光临，使“树顶”名声大振，成了肯尼亚的一个旅游热点。

“树顶”充满了古朴和野趣。我们看到的“树顶”，已不是真正建在大树顶上了，而是建在数十根大木柱上。建筑底层高高吊空，上面有三层，各层设有客房，两头有长长的走廊，顶层有宽阔的平台，在上面可以观看前面空地上的动物和四周美丽的景色。

我们沿着一条小路在附近的山坡上转了转。山上是茂密的原始森林，林子里看到了飞来飞去的鸟儿和上蹿下跳的白尾猴、狒狒，还有几头行走着的羚羊和傲首采食树叶的长颈鹿。

站在走廊上，白天时旅馆前只看到了几头羚羊和野牛，还有几只小鸟。晚饭过后，这里来了一群大象，大概有六七头吧，排着队，从旅馆后面的林子里走了出来，慢悠悠地穿过建筑底下的空旷处，向前面的空地走去，然后停了下来，在水池边喝水。

半夜，我被一阵铃声惊醒。这是通知大家，旅馆前来动物了。我连忙穿好衣服，来到顶层的平台，看到了一幅十分壮观的景象：成群的大象、野牛和羚羊，正在楼前的空地上舔食着什么。吴明廉大使说：“它们正在吃盐呢，盐是人工撒在上面的。”

蒙巴萨海洋公园：神话中的海底龙宫

在你饱览了大自然中动物的千姿百态以后，你可以到肯尼亚的东部海滨城市蒙巴萨，一享印度洋海浪给你带来的无限舒畅。

印度洋海水，色彩变幻无穷，时而靛蓝，时而青绿，烟波浩渺，细浪如练。海滩上是无穷无尽的闪闪发光的白沙。印度洋海水长期的冲刷，把这里的沙子冲得像一颗颗珍珠一样晶莹剔透。

如果感到海滩上的阳光过于强烈的话，你可以去海岸边上一排排的椰子树下休憩，也可以在树荫下漫步。树下碧绿如茵的草地，由于精心的管理和修剪，显得平整厚实，踩在上面，犹如踩在地毯上一样。肯尼亚人非常喜爱这些草地，经常可以看到他们躺在上面休息。

我曾多次和妻子、女儿、朋友，还有从国内来的客人一起到蒙巴萨游览。每次来这里，总要登上那小小的游船，到印度洋的海洋公园“游”一番。这种小船的船底是玻璃的，人称玻璃船。坐在船上，透过船底，你可以看到水中的珊瑚礁和热带鱼，也是一番情趣。但若要更清楚地看到海底世界的真面貌，你必须潜入海底才行。

岸上的旅游公司出租潜水用的呼吸管、面镜和脚蹼等潜水工具。我曾和内罗毕的几个年轻朋友一起，戴了这些工具跳入大海。我们一个个钻到水下，与海底的生物近距离接触，犹如进入了神话中的海底龙宫。当看到在珊瑚礁中穿梭往来的五彩缤纷的鱼类时，兴奋不已，那才是真正的奇景。

2008年10月，在退休4年以后，我又一次回到了肯尼亚，游览了我从未去过的世界上面积最大的野生动物园——察沃国家公园。这个公园有207万平方公里，这里有着60多种野生动物，其中大象就有1万多头，鸟类500多种，还有热带野生植物1000余种。察沃国家公园之旅，是我此生在肯尼亚的最后一次Safari，给了我一种新的体验和惊喜。我写了一篇题为《察沃国家公园游记》的文章，收入2017年文化艺术出版社出版的《绿色之旅三十年》一书。

野生动物、植物和人类是一个命运共同体，应该得到很好的保护。

被虫鸣鸟语淋湿的故乡

◎ 查干

中国诗歌学会理事，中国少数民族作家学会副秘书长。
著有诗集《爱的哈达》《灵魂家园》等。

我的故乡，位于大兴安岭罕山山脉南麓，有山地亦有平川。那时的故乡，山野苍茫而晴川葳蕤，树木花草均野性十足，一有雨水，便嗖嗖疯长。何况还有清冽的河水，流经山野，川地，直奔南去。泉水、泡子、湿地，一样不少，是一处生命之地。这里，暂且不表它的高大树木和大型野兽，先说说它的虫鸣与鸟语。

我的童年，是在虫鸣与鸟语的陪伴中度过的，可以说，它们是我的摇篮曲。如今我已白发覆额，然，梦中的虫鸣鸟语，依然清晰如昨。每每这时，我的童心便被复活，喊：妈！我听虫去。小时候，母亲常对左邻右舍的大妈大娘笑着说：我的三儿，不但是听鸟迷，还是个听虫迷。小时候很少哭闹，听到虫鸣或鸟叫，就乐就笑，睡得亦稳。她说到我两件童年发生的趣事：一是有一天夜里，我梦中大喊：妈妈，放窗户苇帘，外边下雨了！母亲惊醒，坐起，没听到雨声，而且月朗星稀，一片宁静，只闻有此起彼伏的夜虫的叫鸣声。于是，母亲慈爱地拍拍我的脑门，又和衣睡去。原来，当我进入睡眠深区时，虫鸣声渐远，并连成一片，就听成淅淅沥沥的夜雨声了。后来，哥哥姐姐们常以此逗我：老三，你听，外边下雨了，这雨，叫得多欢！现在想来，被虫鸣鸟语淋湿一句，却十分神似，是属于诗的想象，亦美。

二是刚上小校的第三年秋初，老师在授课，黑板上写：萨仁满德拉（月亮升起来了），并朗读。这时，我已走神，听窗外一只很特别、很入耳的蝈蝈的叫鸣声。老师发现我在走神，叫我：查干同学，你来重复我刚才念的字。我猛醒过来，懵懂中竟念出：唧唧！唧唧！老师收脸、瞪眼，但还是笑了，更引起同窗们的一片欢笑声。我赶忙纠正：老师我念错了，是萨仁满德拉。老师叫我坐下，并说，他开了一点小差儿，但还是听讲了，就免去打手掌，以后注意！至此，我已满头大汗，紧张又尴尬。多年以后，白发恩师来京就医，我请他和在京几位同窗来家聚餐，说起这段往事，大家又笑又乐，但恩师却悄然抹泪。的确，往事并非如烟。回忆，不仅有些苦涩，但还有甜美的成分在里面，像一块珍存多年的小糖块。

童年的故乡，属于偏远山区，相对而言，可以说人迹罕至，草莽如初，山水清明而纯净，人亦质朴无邪。生态环境，更是得天独厚，无与伦比。现在想来，在一定意义上讲，那就是天堂。在高阔蓝天里，常有三五山鹰，披着霞光悠然旋飞。还有，飞行高度很高的白天鹅，低旋的丹顶鹤、黑顶鹤、苍鹭、老等、黑鹳、大鸨、野鸭、麻鸡。它们是蓝天里的舞者，云的近邻。中型飞禽有山鸡、沙半鸡、鹌鹑、飞龙等。微型飞禽种类更多，如百灵、小翠鸟、夜莺、家雀等。它们的叫声，清脆而甘甜，急促而不失节奏。

一般说来，故乡的鸟鸣，黎明和傍晚时分最盛。我们这些孩童，总是在晨梦中，听着连绵的鸟声醒来，听着悠然的鸟声入睡。我们的口技，所以响亮逼真，全因为鸟声的优美、动听、优雅和婉转。而布谷，则是可以近距离看到的鸟。春天，它的叫声似是：布谷，布谷！播种播种。而到种植晚庄稼荞麦时，它的叫声则是：布谷，唰！布谷，唰！是在提醒人们该去种荞麦了。

与鸟声同样引起我们好奇的，还有千百种的昆虫家族，和它们那水流一般的鸣叫声。它们的叫声，驳杂而空阔，满山遍野，河湖泉泡，房前屋后，柴门周角，无不是它们亮起歌喉的舞台。而蚂蚱的叫声，则短促而粗野，与它们扇动翅膀的节奏有关：啪！啪！啪！飞行速度缓慢，显得有些颟顸。它们在空中飞，我们在地上跑，总被我们超越，甚或逮住，而后再放开它们。最使我们不舍转身离去的，是知了的叫声。知了，又名蝉。雄蝉会鸣，雌蝉却哑。雄蝉，鸣声响亮而悠长，以各种不同的声调变幻着高歌。音律显得些许轻柔而空洞，有哀怨意味在其中，其声传得亦远。关于蝉，古时有过这样一些诗句："蝉发一声时，槐花带两枝。只应催我老，兼遣报君知。白发生头速，青云入手迟。无过一杯酒，相劝数开眉。"（唐·白居易《闻新蝉赠刘二十八》）。说明，蝉与诗人的思想感情，相融相合，入眼入诗是必然的。

在我的故乡，除了虫鸣和鸟语之外，还有一个天籁般的声音，那就是蛙歌。假如对它忽略不计，是不厚道的。蛙，一般生活在有水的地方。奇怪的是，在我的故乡，蛙，在旱地里也能生存。房前屋后的菜园子里，在水井旁，常出现绿色青蛙蹦跳的身影。有时，竟然大大方方串到家里来，两只眼睛鼓着，似在表示：我是蛙，我怕谁？往往，它在水缸边，一待就是半天，才又懒洋洋出门而去。城里人，是不大喜欢蛙声的，而我的故乡，从未听说，哪个人不喜欢它，或因蛙歌而睡不着觉的。倒是我们这些野孩子，听不到蛙声，有时就会失眠，心烦意乱。咕哇！咕哇！咕咕恰！它那空空的，脆脆的，高一声低一声的叫鸣，仿佛在传递着浓情蜜意似的。听着听着，睡意便糊住了我们的双眼，蛙声由近而远，把我们带往野性的山野清梦里去。故乡的虫鸣、鸟语、蛙歌，就是我们乡人的天籁、和风和细雨 。百听而不厌，直到白发苍苍，耳聋，听不见为止。其实，即便耳聋，怎么会听不见呢？

这些声律，早已潜入到我的每一个细胞和骨髓里，只要一闭眼，倾听，它便随即出现在我的脑海里：唧唧唧！咕哇呱！布谷唰！淅淅又沥沥……

大地文心　志在雕龙

◎ 哲夫

中国作家协会会员，山西省作家协会副主席。著有《黑雪》《毒吻》《天猎》《地猎》《中国档案》《长江怒语》等。曾获首届中国环境文学奖、首届中国环保文学优秀作品奖等。

“大地文心”走进山西的文学采风活动奏响了一个史无前例的序曲，自己的花自己种自己采自己戴，自己的文学队伍自己组织，自己的曲子自己谱写自己演奏，引起了社会各界的交响，宣示了一个不变的改变，回应了一种与时俱进的期待。

首站大同。新朋老友，见面格外高兴，因为这是一支新的组合。虽然我生在大同，此次参加“大地文心”作家团赴大同采访，仍然感触良多。早在2006年11月，国务院批准了以人为本、突出特色、注重生态的大同“一轴双城”《大同市城市总体规划（2005—2020年）》。“一轴”是指御河，“双城”是指御河西岸3.28平方公里的旧城，以及御河东岸40平方公里的御东新区。如今旧城已经完整地修复起来，御东新区也建成了美丽的生态园林城市。你赞叹大同已经大不同，当地人必会扬眉吐气地回你一句：唉，过去那叫一个烂！

大同曾是全国空气污染最严重城市之一，用当地人的话来说，是“天如黑铁片，佛披黑煤面，城外堆垃圾，城里大小便。”近些年来空气质量年年向好，2016 年大同是山西省唯一没有启动雾霾橙色及红色预警的地级市。已成常态的“大同蓝”非官方宣传，而是市民喊出来的。你赞叹，大同的天真蓝，他必答：过去那叫一个灰！

大同在历史上并不缺水少绿，现在的文瀛湖生态公园，在北魏时期一直是豪门望族骚人墨客来去的所在。水源主要来自东关的御河。御河断流最终导致湖水干涸。2009 年大同启动了“一河三库一湖”的城市地表水供水配置体系建设，目前美景已呈现。你说：这公园比西湖还大！当地人必告诉你：过去是个干圪洞！

生活方式决定人类的未来命运。垃圾分类、垃圾利用、垃圾发电，喊了多少年，在许多城市都没了下文。僻处塞北的大同，却神奇地出现了一个化腐朽为神奇的垃圾焚烧发电厂。园林化的厂区，厂房若隐若现于绿树丛中，没有异味，虽然在进入闷热现场、电梯门开启的刹那，“一股异味的巴掌”拍了我的鼻子，但与垃圾山黑臭的渗出液相比，味道几乎等于无。玻璃幕墙里，巨大的抓斗，正在抓取地沟中五颜六色的垃圾，在火焰的催化下垃圾开始转化，每年可发电两亿千瓦时，基本满足大同主城区居民的生活用电。灰渣经处理制成行道砖、植草砖、异型砖等建材，废水再利用，是循环经济的范式。我苛求说，多少还是有一点味道？同行者却表示诧异：我怎么没有嗅到？按要求不能有一丝味道。

光伏发电是新兴的清洁型能源，正值方兴未艾之际。大同采煤沉陷区国家先进技术光伏示范基地，是国家能源局启动的首个光伏领跑者示范基地。放眼望去，沦陷的土地上，蓝色的太阳能晶体，正峥嵘新的头角。

传统能源离不开煤。大同塔山煤矿于 2003 年 2 月开工建设，2006 年 7 月试产出煤，目前为国内设计生产能力最大、年产 1500 万吨煤炭的特大型现代化的高产高效矿井。2010 年，塔山煤矿为“十一五”的收官交上了完美的答卷。看不见矿井，没有传统的煤炭扬尘，几个坑口发电厂正在运行。这让我想起大同副市长马安全的几句话：“大同发电厂不能停电，一停电，北京就黑灯瞎火了。”

北京的朋友们感慨不已，大同人则眉飞色舞，如数家珍，赞不绝口。一路上采访者的耳朵眼里灌满了一个人的名字。一座城市翻天覆地的变化被老百姓浓墨重彩，那个人已经调走了许多年。政声人去后，他的足迹和背影，却永远地铭留在这里的人心和土地上。

这个让人很是提气的名字叫耿彦波。满头白发的大同市人大常委会原主任安大均充满感慨地告诉我：“要是换个人，把大同这些营生全做完，最少也得15年。市长一届任期只有5年，耿彦波不分白天黑夜争分夺秒玩命地干，几回人都快死在工地上，抢救过来，打上吊针，还惦记着有个工人锯石料浪费了一块，就好像那石料是他家的，而且只有那么一块。怕什么就来什么，那天，耿彦波从太原回来还没回家就直接来敲我家门，我去给他开门，他见了我，一言不发，泪如雨下。我问他咋啦？他说：老安，我得走了……说完大哭，我俩抱在一起哭，哭了个昏天黑地，你说这哭的是个啥情由，大同又不是他自个儿的！”

官吏皆出乎于民，民心如池，人情似水，官吏无非池鱼尔。这种鱼水之情一旦交融，便会生发种种。他走后大同人以各自的方式念他、说他、写他、塑他、碑他，不一而足。他还成了商机，用他的图片制作年头挂历，以他的名字注册彦波酒。

继任者大同市委书记张吉福，也是被老百姓交口称赞的一位，他不是新官上任三把火，把把火烧否前任，而是名副其实的接棒人。人文生态、自然环境，皆为家国千秋大业，唯有一任接一任发力，如同右玉县20多位县委书记70年如一日的植树造林，方有了大同大不同的现在，方有了右玉久久为功的今天。

右玉县文联主席郭虎这样对我说：“历史上，右玉是个森林茂密的天然绿洲，挖出过直径60厘米粗的大木头化石。从战国时期设立雁门郡开始，连绵不断的战火将茫茫森林毁了，绿洲成了传说。毛乌素大沙漠没有了约束，长期入侵，使秦汉时著名的塞外绿洲右玉成了新中国成立初期那个‘春种一坡，秋收一瓮，除去籽种，够吃一顿’的苦寒之地。与森林媲美的是89.2公里的古长城和遍地林立的140多座古烽堠、古烟墩、古哨岗、古瞭台、古城楼、古土堡、古驿站、古隘口，国家命名右玉为‘中国古堡之乡’，你说，要是命名‘中国古树之乡’有多好？当时的环境专家已经将右玉县列入了最不适宜人类生存的地区，建议全县搬迁。”

郭虎幽了一默：真要搬走了，就没有今天的右玉了。

右玉水利局副局长贾旺，朴朴实实一个人，却名列右玉功勋碑。他说：“从2014年始，右玉县连续3年入围‘中国深呼吸小城百佳榜’，我得出个结论，数字可以造假，人的呼吸不会骗人，到右玉一呼吸，你就什么都知道了。”

右玉是此行最后一站。九月的右玉，无论是展览馆外，还是杀虎口里，随处可见袅娜扶风花朵粉红的格桑花，在塞外的蓝天白云下，野旷共雅致、雄伟同纤柔，挺拔与坚韧，交相辉映，以不同的姿态，诠注着人类共同的爱好和审美。

一路上，冯秋子处处袒露她民族的属性，对草木花朵依依不舍，我有诗述之曰：二马香驰骋，三秋五色繁。格桑花为伴，温婉不时看。叶梅的个性则不让须眉，我诗以戏之曰：叶翠东阿绿，梅香鄂汉丹。巴东七步墨，京北九头宽。

过后，我有四言诗专说此行感受：

五行之秀，天地之心；日月文明，春秋精神；生态文学，适时顺境。

大地文心，志在雕龙；叶梅秋子，小鱼青松；京华同仁，三晋联盟。

上雕天龙，先翥碧凤；来在大同，神驰目纵；知微见著，蓝天与共。

下雕地龙，煤海寻踪；净土无尘，云冈新生；善小咸为，大佛逢春。

文瀛湖畔，绿荫浓浓；湿地张肺，水色开胸；呼吸舒泰，举止从容。

火山列峰，草木茸茸；伏似蛩虫，潜若蜈蚣；载沉载浮，沧桑龙钟。

垃圾围城，火焰擒凶；物华错位，天宝归宗；光电嫩炒，声色鲜烹。

塔山煤矿，科技纵横；封闭掘进，不见刀兵；清洁生产，开端把控。

晶硅如水，能源淙淙；沦陷土地，重现峥嵘；见肘捉襟，亡羊补洞。

大同范式，博浪鲲鹏；右玉精神，久久为功。折翼凤舞，危乎其行；

翳目龙鸣，晓之以病。大地文心，拳拳真情；添风之羽，点龙之睛。

一场与风的战争

◎ 蒋殊

中国作家协会会员，中国冶金作协副主席，太原市作家协会副主席。现为《映像》杂志执行主编。著有散文集《阳光下的蜀葵》《重回 1937》《再回 1949》等。曾获“赵树理文学奖”及《小说选刊》年度大奖。

那个时刻没有风，那一整天都没有风，可我周身有风吹过。那风直抵人心，吹得皮肤生疼。时而，又要刁钻地入骨，侵心。

虽是塞北九月天，阳光照得还是有些热。可我的身体，却很冷。体内的风，呼啦啦不肯停歇。

那是一处高地，顶上一座丰碑，面前一位老者。

老者身处山顶。他的身后，是由红蓝黄绿 4 种颜色组成的人字形丰碑，合拢后的形状是一棵大树。我的角度望上去，这棵特别的“树”高耸入云，阳光从缝隙间射下来有些刺眼。4 根枝丫在碧蓝的天空展臂向上，最终相依相偎。

过去的右玉，最出名的就是风，一来就不肯离去，旷日持久，而且级别高。

老者神秘开篇。他说，小时候，觉得这座山很神秘。听大人讲，每遇雨后，沙丘之上的天空便出现缥缈的盛景。那画面美轮美奂，绝非生活中的日常景物，是仙境，也是人境。

一个神秘的故事，种在孩子们心里。而老者却戛然话锋一转：事实上呢？由于这里地势南高北低，由东南向西北倾斜，因此形成一道天然的大风口。赶上起风，风便从风口呼啸着扑过来，席卷着黄土，远远看过去像极了一只只运送货物的骆驼，因此这里有一条沟被当地人称为“骆驼沟”。

过去的右玉，最出名的就是风，一来就不肯离去，旷日持久，而且级别高，“特殊品种多”，人间少有。以前的右玉，家家户户门朝里开，否则风沙过后便无法推开。

农谚有“立夏不起尘，起尘活埋人”，意思是到了立夏这个节气，春风就过去了，风就小了，草木随之生长起来了，沙尘天气宣告结束了。

可右玉的风执拗，逆规律而行。许多农村盛行祈雨，右玉却是千方百计祈求风停。然而焚香叩头几十年，依然是一年一场风，甚至将右卫城三丈（1 丈 =3.33 米）六高的城墙无情埋葬。

老者记得清，1973 年的立夏，风再一次逆天了，在不该起尘的日子起尘了，起得铺天盖地，起得惊心动魄。沙尘轻轻一掠，就轻易席卷了本就清嫩的庄稼。随后威力越来越大，斩断了艰难生长起来的大树，吞没了钢铁铸就的汽车。

这一场风，一刮就是52天。

被风堵在昏黑屋里的人们，捂着一颗心，心惊胆战倾听门外扁担水桶被卷走了，腿粗的果树被吹跑了，一头猪来不及嘶叫也跟着风去了，甚至门外的墙皮也飞远了。

52天的一场风过后，家不再是家，城不再是城。

右玉的风，带着对这片土地怎样的痛恨？右玉人的心，被撕裂到怎样的零落，无以出声？这一场仗，要打到什么时候？

老者说，如果小时候有过快乐的事，便是风沙过后，孩子们拖一辆独轮小木车，结伴爬上西城墙，顺着沙土欢快地滑下。那一刻，城墙变身天然滑梯，带给少年们长久憋闷之后的快意。

还有就是，可以到北门外捡铜钱。一堆一堆的白骨中，夹杂着一枚一枚的铜钱。孩子们有经验，有沙丘就有白骨，有白骨就有铜钱。老者的手在空中比画着，听得人毛骨悚然。他还说，晚上走在路上，突然就发现前面有灯了，一转身后面也有了。暗黑的夜里，一簇火焰，引领着孩子们肆意欢笑。回家兴奋地讲，却被大人们猛拍脑门：那是鬼火！立时吓得孩子们不敢吱声。

万户萧疏鬼唱歌啊。不是神话，不是传说，不是艺术描写，就是身边事，就是曾经右玉的风。

这一切，都源于右玉的地理位置。右玉处于边塞，是北衔毛乌素沙漠的前沿屏障。右玉县志记载："元至正十八年（1358）农历二月辛丑夜，大同路黑气蔽四方，有声如雷，少顷东北方火云交射，中天遍地俱有火，空中闻兵戈之声。"

明代兵部尚书王越诗云：

雁门关外野人家，不植桑蚕不种麻。
百里并无梨枣树，三春哪得桃杏花。
六月雨过山头雪，狂风遍地起黄沙。
说与江南人不信，早穿皮袄午穿纱。

于是，早年有外国专家留下话："这里根本不适宜人类居住。"历代频繁的战火，人为的破坏，再加上风蚀沙侵，使得右玉一片荒芜。风，便越发无遮无挡地袭击这片土地。百姓中一代代传言："一年一场风，从春刮到冬；白天点油灯，黑夜土堵门；在家一身土，出门不见人。"

人们要生存，要活命，必须继续这场与风的战争

确实，新中国成立前右玉县森林覆盖率仅有0.3%，根本无法与风沙抗衡，常常是"今日把种下，明日把籽丢"，无奈出现了"男人走口外，女人挖野菜"的凄惨

景象。

右玉的风一起，人心便乱了，孩子们也有了经验，比如在外割草，只要远远望到西山或北梁起了黄风，一团一团在天上卷，就得赶紧背起筐回家。天上只要刮起黄风，孩子们便乖乖躲在屋里，点起油灯写作业，因为外面的狼会随时出没。

人们要生存，要活命，必须继续这场与风的战争。新中国成立后，第一任县委书记张荣怀果断提出：“右玉要想富，就得风沙住；要想风沙住，就得多栽树；要想家家富，每人10棵树。”

老者的讲述中也提到，从他戴着红领巾起，就加入植树大军，他记得当时植树地点是“黄沙洼”。

“黄沙洼”，顾名思义就是黄沙堆积的地方。位于右玉旧城东北面，是一个长20公里、宽4公里的巨大流动沙丘，处于西北风从杀虎口向南延伸的锋面地带。这里风大沙多，常常是白天栽下的树，晚上就被沙土掩埋，甚至被连根拔起，因此成为右玉绿化最困难的山梁。1956年，县委、县政府为保卫县城，曾组织城北6个乡的干部群众，展开过一场声势浩大的大会战。可是第一年辛辛苦苦栽下9万多棵树，第二年即被一场连续9天9夜的8级大风全部折断埋葬。

再一次失败，欲哭无泪。

尽管栽活一棵树比养活一个娃还难，右玉人还是擦干眼泪，继续栽。老者的少年时期，应该是第四任县委书记马禄元上任之时，他带着右玉人向最难治的“黄沙洼”发起挑战。老者说那里就是学生的课堂，也是培养德智体全面发展的地方。孩子们男女搭档，一天要栽下220多棵与他们一样的希望之树。

那时候全县树木稀少，且大多是不成材的小叶杨。这些树长得小而丑，被百姓戏称“小老树”。为了节省钱，右玉人从“小老树”上砍下嫩枝当树苗。当然，成活率极低。栽了死，死了再栽，反反复复，右玉人与风沙顽强抗争。8年时间，右玉举全县之力几战黄沙洼，到1964年终于造林1.5万余亩，解除了县城被埋的危险。

右玉的每寸土地，都充满“杀气”。说到这里老者笑了，因为前几天有艺术家来拍照，看到有的树长着长着合在一起，有的根连在一起，直呼种树人好浪漫。

老者笑着说：我们这一代人，哪里尝过浪漫的滋味？那是没有青春的一代，甚至没有性别的一代。春天40天，秋天40天，天天一把铁锨一包干粮，面对一片沙尘地。十六七岁的少女，都是一身沙一身土，哪里有俏丽的容颜？

那个年代，无论什么职务，无论男女老幼，全员出动去栽树。

右玉诗人郭虎曾这样写过：

风沙　炒面　烤土豆

铁锹　镢头　肩和手

噙一口冰冷的雪水　拿五脏六腑暖化

啃一口梆硬的窝头　用柔软的肠胃煨熟

杨柳榆松　肩扛手拉

老中青少　全体出动

牛羊倌把风吹折的树枝插回地里

小孩子把风吹落的树叶放回树上

我们种树

右玉的风，在右玉人的坚强、坚韧、坚持的性格面前，

渐渐无力了

多少年来，右玉人的工作就是种树，生活就是种树。树是武器，与风战斗。老者说一般人都是死后立碑，但右玉机关一个部门一块碑，那是他们栽树的责任碑。他记得，那时候财政极其吃紧，因为没钱，机关干部不仅按期拿不到工资，还要捐出钱来购买树苗。老百姓栽树，有时一天补助两包方便面，后来3包，条件最好时5包，但许多女人舍不得吃，揣在怀里拿回家喂孩子。

听到这里，又觉右玉的风呼呼刮进心里，冷一阵，暖一回。

为了挡住风，右玉种树人不仅淌过汗，流过血，还丢过命。比如威远堡村党支部书记毛永宽，这个20岁就当上村干部的年轻人为了挡住西风，几年间带领村民栽

下十几万棵树，之后却倒在心爱的树旁，年仅 28 岁。

下葬时，妻子不听人们“让他歇歇”的劝告，执意让一把“铁锹”追随爱人，在另一个世界继续种树。

一代又一代，一年又一年。右玉的风，在右玉人的坚强、坚韧、坚持的性格面前，渐渐无力了。从 20 世纪 50 年代“哪里有风哪里栽，先让局部绿起来”，60 年代“哪里有风哪里栽，要把风沙锁起来”，到 70 年代变成“哪里有空哪里栽，再把窟窿补起来”，再到今天“绿水青山秀塞外，金山银山富起来”。右玉人，终于用双手把风挡在城之外、心之外。

一场旷日持久的战争，右玉人终于赢了。

右玉的风，止了；右玉的土地，绿了；右玉的风与这片土地，和谐了。

今天，有风吹来，徐徐地，吻上右玉的绿，一排排树木轻舞飞扬。

然而，右玉栽树的步伐不止。因为，右玉肃杀的风，依然驻在今天乃至一代代后人心里。

走进大同火山群

◎ 黄风

中国作家协会会员,《黄河》杂志社社长、主编。著有《走向天堂的父亲》《黄河岸边的歌王》《大湄公河》等书籍。曾获中国生态文学作品一等奖、《中国作家》小说奖、山西“五个一”工程奖、赵树理文学奖等。

让时光倒流。

那时，晋北大同一带还为沧海，被今天手握鸭嘴勘探锤，在桑田上追踪“古迹”的人称为“大同湖”。

“大同湖”面积9000平方公里，与现在玻利维亚的“天空之境”，也就是乌尤尼盐沼湖一样大。它的形成像它的消失一样惊心动魄，是燕山运动和喜马拉雅造山运动的结果。剧烈的运动将河流折断，河水与倒灌的海水啸聚，使沉陷的大地沦为汪洋。

相比之下，民间传说要温和得多。相传二郎神从昆仑担山赴海，途经此地两眼发困，晃悠悠做了个白日梦，便将肩负的两座山丢下，堵塞了桑干河，使其泛滥成万顷碧波。

后来，在“大同湖”发掘化石的人形容这里为童话世界。湖区气候温暖湿润，地面生机勃勃，湖中泥河湾多成群结队的刺鱼和鲤鱼，有时会扑喇喇跃出水面来。岸上郁郁葱葱，柳树、榆树、栎树相互交错，雪松、云杉、古柏竞相挺拔，从湖畔一直到环绕的远山。动物有长鼻三趾马、蹄兔、野牛、纳玛象、板齿犀、转角羚羊等。

就这样，经过了许多万年时光，在迷人的湖光山色中，一代一代繁衍进化的生灵压根想不到有地火在水下蠢蠢欲动。

大约距今70多万年前，火山开始喷发，湖面掀起爆炸一样的巨浪，抛出的火山灰和水汽柱，裹挟着水生生物的残骸，直达数百米高空，并继续向高处蔓延，然后四散而去，一直到很远的地方。

在末日般的恐慌中，天堂瞬间沦为地狱。满湖的水煮沸了，湖中生灵，有的被岩浆汽化，有的被撕成碎片，有的被深埋湖底，变成日后的化石。在沿岸湖水比较温和的地方，翻着白肚皮的死鱼漂了一层。岸上的草地和森林，被落下的火山灰覆盖，燃起大火，火顺着树干蹿得老高，不久又被雷暴雨浇灭，留下一截截焦黑的树桩。动物们死的死伤的伤，能逃的纷纷奔逃他乡。

大约10万年前，火山终于精疲力竭，像纵欲无度败了身子，间歇的时间越来越长。天空烟消云散，阳光灿烂如初，但阳光下的万顷碧波不见了，干涸、龟裂、嵌着鱼骨的湖底，散布着30多座死去的火山丘，滋生出青草和树木。

这30多座火山丘就是如今的大同火山群，与东北的五大连池火山群、长白山火山群、龙岗火山群，以及西南的腾冲火山群齐名。它们散布在大同盆地东部，有壳状的、穹隆状的、马蹄状的、半圆形的，以不同姿态相守着，像渡尽劫波患难与共的兄弟。

我有幸认识它们，是在5年前。那一年夏末，受朋友王保忠之邀，我们几人不等夏天最后的告别，就急切地走进了大同火山家园。

大同火山群分东西南北4个区，王保忠带我们去的是西区，位于大同县（今云州区）县城东北部。这里矗立着大同火山家族的大佬们，有金山、黑山、狼窝山，还有双山、马蹄山、昊天山，仿佛火山群的“比弗利山庄”，大同县也因此被称为“火山之乡”。

大同火山家园的景象远超人的想象。在此之前，我仅限于道听途说，觉得这里可能“不错”。然而，事实却很打脸，大同的火山群名不虚传——

几朵亮闪闪的白云下，曾经湖水浩渺的谷地，是一望无际的绿色。一座座火山远近分布着，最远的像淡淡抹了一笔，快要被蓝天隐去。地里的庄稼老绿，开始透出熟味儿，蚂蚱声此起彼伏，一副夏末初秋之状。更多的是草和树木，有人工栽植的，有自然生长的，完美的“天人合一”，满眼的绿铺到天边。有的树，特别是小树，像少女偷吃了禁果，已现出羞涩的斑斓，到了秋天肯定会缤纷如燃。

王保忠给我们介绍着，一向不善言辞的他，变得侃侃而谈。他张开双臂说，你们好好看吧，这儿就是一幅大画卷，在这大画卷背后，每座火山都藏着一个传说。比如昊天山，那“屁股坐在火山上”的昊天寺，比大同华严寺还高寿。据说昊天寺由一个充军发配于此的黥面鬼所建，材料都是用羊驮来的。这令他非常好奇与着迷，黥面鬼为何要建这座寺庙，并且选择建在火山口上？难道不怕火山有天复活了，一下连锅端了？每次来他都浮想联翩，但始终也没有找到一个满意的答案。

王保忠生于斯长于斯，与火山是老交情了，他的微信名就叫“老火山”。火山家园也是他的家园，为此他写下了一系列短篇小说，最后又写出长篇小说《甘家洼》，在文坛引起不小反响。甘家洼的原型叫黄家洼，坐落在狼窝山西南侧。村里断壁残垣，是一个仅剩下 5 户人家、炊烟没落的小村庄。受王保忠“忽悠”，不少读过他小说的人来黄家洼“发烧”，乐得村支书每天倒背着手，带领一群热情好客的鸡娃，在村口大柳树下踱来踱去，一见外地人进村就说，“我们这地方好着哩，再过两三年就成旅游胜地”。

在村支书贴满发财年画的家中，他送给我一个碗大的火山石作纪念。褐色的火山石，是他从狼窝山上捡来的，远观像生铁疙瘩或焦炭疙瘩，近看浑身长满气眼，像补天遗弃的顽石。大概被地火炼透了，对水充满渴望，浇上点水，就会发出沙沙的渗响，还伴有似有若无的微烟。火山石，有个俗名叫浮石，我自小就熟悉，但不知它是地火炼的，只觉得它天生丑陋。

距上次造访5年后，借此次“大地文心”活动之光，我又一次走进大同火山家园，去的还是西区。和上次不一样的是，这次不是夏末初秋，而是“立秋”后一个月，名副其实的秋高气爽。爬上火山顶放眼望去，秋色已很明显，天地间开始缤纷，但主要的还是绿，而且比5年前浑厚多了。浩浩荡荡的，起风翻滚时，把散布的村庄都淹没了。站在火山顶上，我突然记起宋人的两句诗：“闲来上山看野水，忽于水底见青山。”

这不就是眼前的风景吗？只不过，曾经的万顷碧波化成了眼前的绿。脚下的火山与周围的火山，仿佛喷涌间就顿悟入定了。在亘古岁月中，它们“上求佛道，下化众生”，将胸中的火修炼成柔水，这柔水就是坐拥入怀的绿。是它们修来的结果，也是默化众生的结果。

这样想着，只觉得一座座火山更见高古，像一个个幕天席地的大法师，在为上苍和人间做一个法会。祈愿天灾人祸永息，祈愿遍野的绿永在，祈愿绿中升起的炊烟，永远保持和谐安详。

就在我走进大同火山家园的20多天后，好朋友王保忠不幸英年早逝，丢下他的甘家洼和老火山走了。但我知道他走得不舍，他的梦魂仍牵绕着家园，就像那首充满黄土味的歌：“我家住在黄土高坡，四季风从坡上刮过，不管是八百年还是一万年，都是我的歌，我的歌……”

母亲河，流向嘉陵江

◎ 马力

中国作家协会会员，中国散文学会副会长，中国旅游报社原总编辑。著有《鸿影雪痕》《南北行吟》《走遍名山》《走遍名水》《山水文心》《中国现代风景散文史》(上下卷)《魅力长江》等。曾获冰心散文奖等多项文学奖项。

绿，自河流之上向四外浮荡，明洁的水光似可消去一切浊尘。迈着平静步伐的我，走过南河的两岸，满心都是春。

这是川北的广元，一座诞生了武则天的古城。“正月二十三，妇女游河湾”，这话，传了千百年。正月二十三，是武则天的生日。到了这个日子，广元人是要过女儿节的。披彩的凤舟在南河上竞渡，莹澈的波光里开满欢乐的花。

“天壤之间，水居其多。”一个地方的灵气，来于水。有了水，这个地方的风景就活了，更添了精神。可是话还有另一面，假若弄得不好，即便有了水，也还是死板板的，叫人透不出气。

我到过的一些城市，有河，两岸却筑着水泥护坡，自然够得上规整和精致，跟左右耸起的楼林也颇相适，可在感觉中，那河水总像是被钳束得紧了，挣不开身，失掉些随性与自由。浪花欢畅的歌声沉寂了，使心灵感到痛苦。这样做，当然是物质条件具备的时候做出的本能反应，而本能并非等同正确。这些地方的人们，眼界还是受限，意识不到施加硬性的改变后，对生态环境的直接压力已悄然迫近，潜在的破坏与危险正在形成。“不要盲目地反对进步，但是反对盲目的进步。”盲目的进步，反而是倒退。

广元的南河不是这样。这条河的长度七十多公里，总流域面积上千平方公里，从市区东北方向的朝天区南流而西折，汇入嘉陵江。

广元人天天喝着南河的水，河水在祖辈们的身体里流着。母亲河，很多人这样唤着它。清清之水伴着生命的成长，他们从波声里听出了岁月的旋律。

向前奔流的河水，代表着运动和发展，象征着永不枯竭的生命力。河流也会思考——作为自然在思考。它更能知晓宇宙的意义和法则，这种深刻性或许是人类不能完全理解的，因此对大自然包含的一切加以尊重，应该是理性的态度。城市的规划者，也是历史的参与者。他们掌握知识、技术、工具和资源，懂得学会顺应河流的本性，合理地行使改造自然的权利。科学的设计理念是心中的太阳，照亮思维。他们懂得，河流依附土地，更依靠守护。当这条市河映入建设者的视野时，创造性想象闪熠出光芒，他们看见河畔的远景——国家湿地公园浮升于这美丽的光芒中。

南河之美，全在一个“野”字。临水亭台、卧波廊桥自不待说，蒲草、树木、花叶遮覆的泥土散发的气味，最觉亲切。我游走的不是一座城市，更像是“江上人家桃树枝，春寒细雨出疏篱”的乡野，本色、天然、浑朴，作态的样子一点也无。长长的步道与悠悠的河水纡徐地向前延展，平行线似的，虽不相交，却依依互伴。步道与河身之间，是狭长的草滩。这些草应该都有名字，我却叫不出。我是北方人，很多南方草木不认得。不认得，却无碍欣赏它们在风中摇缀，在水面披拂的曼妙姿影。有一块沙洲，面积不大，簇簇水草竟生得丛密，细长的清影让涟漪漾着，舞蹈一般的动感，真叫美！河滩平阔一点的地方，种了树，树身还瘦，却显出生长的朝气。

绿，是大自然的礼物，它在阳光下的流水上闪着，在春夏的草树上染着，这是世界上最年轻的颜色，郁郁光景会诱得游人流连不去。一水盈盈，当目光收尽这片河流湿地时，所有的心都会明亮起来。

河道傍着苍苍南山。南山多树，繁茂的树影浸在清流里，浓浓淡淡。正是“溪光不尽，山翠无穷”的宋人词境。浅滩上，芦苇长得旺，莲藕也带着泥香露了头。鱼儿随时出水，瞬间就是一道光。

栈桥依水铺架，折出几道弯，形姿很好。造了数座亭子。坐入题为“望凤”的木亭，默诵柱上“朝望琼楼最好五处看凤舞日出，暮观碧水曾来一夕听龙腾风声”的联语，雅趣不浅。在名为“柳廊”“鹤榭”的观景台上小憩也极惬适。柔条袅袅，四近一片清润。夜来了，月亮是挂在天上的灯，微茫的水光里，看鹤立花间，听莺啼树丛，再嗅一嗅幽淡的荷香，便是心上挂愁的人，也会落得快活。

游河湾，武则天的乡人们一边遥想历史，一边观览景致。放眼沿岸，不见把河水、河道与河畔植被粗暴分隔的石砌护堤，因而没有将护堤土体和其上的水汽互换阻断，也没有遏止河道与河畔植被的水汽循环。河床与河岸基底具有的“可渗透性”使自然状态的水岸成了绿色海绵，给许多陆上植物和水生动物保留了生存空间。

一个健康的植物与动物群落在水滨养育着。枫杨、垂柳、水杉、木犀等湿生植物活泼泼地生长，把河岸打扮得极养眼。鸟儿多得是，远远近近地飞来，群集于这块圣地，在欣悦的空气里旋舞，劲健的羽翼闪耀花样的色彩。按鸟纲分目看，白鹭、苍鹭等鹳形目鸟类，翠鸟、冠鱼狗等佛法僧目鸟类，灰鹡鸰、红尾水鸲、白颊噪鹛等雀形目鸟类，小天鹅、赤麻鸭、绿头鸭、斑嘴鸭等雁形目鸟类，还有水中的鱼虾、泥下的昆虫，都在这里安了家。良好的生境，维护了生物的多样性。

这是我曾经憧憬的情境，自然界所有的生命，都应当享受到这样的愉悦。巴金写过一篇《鸟的天堂》，珠江边的飞鸟让大榕树近旁热热闹闹，洋溢着原始的生命力；南河畔的飞鸟也是这样啊！城市的营造者，从扑扇的翅膀上看到理想的高度。

满岸的空气都是湿的，飘溢泥壤特有的鲜润气息。清清之水、萋萋之草、郁郁之树，构成了河流生态系统。这个系统的完整性，使它犹如一条廊道，为生物提供了基因交流的场域；而丰富的河流地貌，保证了河岸与河流水体之间的水分交换，对于水况的调节功能，又显示一定的抗洪强度。

“栖凤廊桥”跨在河上，半圆桥拱在河心沉着静静的影，接受大自然光彩的映照。倚着桥栏，目迎东边的凤凰山。山上耸屹一座凤凰楼，极高，入了云，远翔的样子。凤，当然是指武则天。我无心追史，思绪仍恋着一河的绿。南河湿地公园的线性河道、南山森林公园的带状植被，使水生生态系统与陆地生态系统融在一起，分不开。分不开的还有治河人对于故土的深情。岸边立着市、区、乡（镇）各级河段长公示牌，职责与管护目标列得分明，意味着对母亲河的庄严承诺。公示牌上有河长的名字。这些环境卫士站在岸畔，如同人类选定了在自然界的位置。他们把责任和情感交付家乡的河流，并对水景养护的课题做出清晰的回答。

着眼地球之大，面前的河景固然属于“微观”，却是和宏观宇宙关联着的。

南河长流，流入嘉陵江。再往前，就是长江，一派壮阔。

梵山净水万物生

◎ 师立新

彝族，中国少数民族作家学会会员，云南省作协会员，云南省评论家协会会员。作品刊发于《民族文学》《文艺报》《散文百家》等报刊。

我认识梵净山，是从一位老友的微信朋友圈里。他以装备优良的摄影器械，架长枪短炮的强硬，轰掠下梵净山众多以水写意的良辰美景。在照片展示的最后，他用了一句很诱惑和文艺气息的结语：再不来，水不老，可你，就老了。突然，很担心自己真的瞬间老去，丧失远游的激情和心跳。在八月末的初秋，自南高原春城驾车一路狂奔，来到这座圣山前。

词语大百科里解释：梵，整个物质实体是出生的根源；《妙法莲花经》又解：梵，净修梵行。充满玄机的字，蔓生出宽阔的净与纯粹。山、水、空气、绿植、各物种，都是我喜爱的。

小时候听外婆说，水随山生长，山有多高，水就有多长。

果然，高高的红云金顶，仍有泉水荡动。金顶的观音洞峭壁上，奇特的天然泉眼“定心水”，就以看似最柔软的水姿态，宣告了世间无法复制的精妙，并让每个与它相见的人，真正理解一个成语：山高水长。

有水就有了生命，就有了与生命有关的文化内涵。曾在电视上看过贵州新闻，其间，针对铜仁市播报过一个概念性的词：水文化，当时觉得极为抽象，但在梵净山，一切的不解立刻烟消云散。

江口、印江，光看看这与生自带的和水相连的名称，铜仁，已不可能是硬朗的地名；而站在乌江和沅江的中间，梵净山更是具有了水做的样子，俊秀、明朗。

在森林覆盖率高达 95% 的山上，各种树木从叶片到枝干，泛着水质厚重的光亮；沿山行，山路纵横交错，绕得我有点分不清方向。并不擅长的跋山涉水、跌跌撞撞前行后，我分别见到了书籍般的万卷书石岩、十亿年高龄的蘑菇石、依山望母的太子石，它们的表面都裹挟着一层湿润的雾气；整座山，水粼粼的。

黑河湾、马槽河等十一条河流悬高而落，或跌宕起伏或温婉游走的水，无一例外都是清澈见底。据说，山中大小溪流就有“九十九溪”之众。不敢判定这一定就是天下最无瑕疵的山水，但可以说，这是我见过的山水中，最纯净之一，绝无其二。

铜仁有好水，梵净山就是好水之源。

在我入住的酒店，卫生间水盆上方有一块中英文铭牌，上书的句子直白明了：可以直接饮用的山泉水。

好水，就是可以那么任性！

梵净山能开发和直接利用的溪流有30多条，这就催生了众多的水生产企业。已在此落户的国内饮用水龙头企业农夫山泉，它的生产基地位于山边江口县的太平镇，水源就是凯文村的九坪河。农夫山泉西南区总厂长严天旗曾在电视采访中提到，“为了优中选优，找到最好水源，我们和当地政府一道，在深山中走了十几公里。”

除了农夫山泉等品牌水生产企业入驻，本地石阡泉都、梵净山泉等饮用水企业也风生水起地成长。据检验，石阡泉都矿泉水富含硒、锶、锌、钙、镁、钾等20余种人体所需的矿物质微量元素。

好水，必滋养好村寨。云舍，是梵净山脚一个千百年来受水恩泽的土家族古寨。寨子依山傍水，房舍俨然，多是桶子屋、三合院或四合院为主的干栏式建筑。村民仍然保留着本民族的风情习俗，崇尚万物有灵的自然崇拜。他们身穿富有民族特点的服饰，男人对襟衫和绣有花纹的宽腿裤；女子皆佩戴银饰，走起路来叮当作响，美观艳丽。

从青石板的小巷穿过，我身边擦肩而去的男女老幼，衣着精美雅致。他们在自己的民俗里，看着游人潮起潮落般，每天从身边流过，却从不受打扰，依旧保持着自己的传统，守护在自己的村落。穿绣花的衣裤，女子顶着花帽，对山歌、跳舞，快乐生活。

与村口偶遇的一位大嫂闲聊，听她谈到随着近年旅游业的兴盛，开客栈、划竹排、做民俗表演，村民的生活日益富足，修房盖屋的基本民生更成了常有的事。

正说着，听到乐声入耳，我四处张望，经两位在家门口闲坐的老夫妻指引，匆忙来到古寨一座刚完工的四合院里。原来，村民们今天聚会，为这家贺喜，大家跳起了古朴的摆手舞。喜洋洋的气氛，一院子满满的笑脸。

在云舍村边，参观农耕农作。竟然见识了土法造纸，而且，据在造纸坊造土纸的中年男子所言，云舍村几乎家家会造纸，是全国有名的土家族造纸村。而从唐代流传的水排和作坊，直到现在，后人们还使用着。

好水，必与佛家不可分。仿佛，世间所有的秘密都在水里。水的流逝，水的沉寂，水的喧嚣，全在言说凡人不能阐明的事。

梵净山因为天生的自然洁净，古来就是佛门重地。庙宇众多，以历史上的四大皇庵为代表，它们分别是：护国寺、天庆寺、承恩寺、朝天寺。

我不是佛教徒，但自幼被父母严教，遵循朴素的人生哲理：心怀慈悲。在山间漫行途中，见一蹒跚老妇，便扶她行走一段。一路交谈，得知老人家是位居士，每年都会上山来朝拜。分别时，老人吩咐：去天庆寺吧，那里有九重堂。

到寺院，才知道之所以称“九重堂”，是因为天庆寺规模庞大、殿堂众多而得名。寺里大佛殿下的天井，更是天下奇观，巨大的石板，铺就出一方天地。最大的石板长达 3 米，宽 2.4 米。这该是个多大的谜呀，古时无机械设施无吊车的年代，怎么加工和运抵，至今毫无一星半点的踪迹能寻。寺中的遗址还有藏经楼及大方等和尚的石墓 4 所，但昔人已去，空余天庆寺的上空白云悠悠，寺外流水蜿蜒。

《增广贤文》里说：天下名山僧占多。是佛教文化还是大自然的天生匠心，造就了梵净山的灵秀，我无法确定，能肯定的是我的灵魂有洗涤后的通透。

此山，水与佛同道。虽不语，但已言尽天下事。

好水，必生好物种。梵净山保存了世界上少有的亚热带原生生态系统，这个系统里最珍贵的生物当属大鲵、黔金丝猴、红腹角雉、髭蟾（胡子蛙）、珙桐、光叶珙桐、梵净山冷杉等。其中，黔金丝猴，是当今濒危程度最高的野生动物之一，而且，全球仅存于梵净山；珙桐，是植物中的珍稀濒危物种，在梵净山也仅仅分布着 11 个片区，总面积 1200 余亩。

现在，梵净山的溪流里，仍然生活着许多野生大鲵。我在山间游走，远远的，不时传来婴儿一样的哭声，这就是俗名娃娃鱼的大鲵发出的。傍晚，来到梵净山大鲵仿生态繁殖基地，小婴儿般的哭声此起彼伏地多起来。这个物种的生长，对水质要求极其苛刻，只要略有污染，幼体和成体就会逐步死亡。为加强对大鲵的保护和发展，梵净山人付出了艰辛的努力，大鲵水产养殖，已进行多年并取得了巨大的成功。

梵净山目前还存有大量的第三纪、第四纪古老动植物，这些物种从远古而来，不管地质怎样变迁，仍坚强地站在大地上。

有时，坚强就是坚持，对物种而言，坚持就是生下来存活下去。

有一部美国片，是以黄石国家公园野生动植物反观人生的片子。故事情节常被我与别的电影混淆在一起，但忘不了的却是镜头里美轮美奂的自然环境下，人与各物种的生存状态。在梵净山的几天，与电影画面曾似的相识浓烈地向我袭来，人间的静好，竟然不分国界地如此相通。

梵山净水万物生啊！

三千强弩射潮低

◎ 周华诚

作家，独立出版人。“父亲的水稻田”创始人。著有《草木滋味》《向美而生》《下田：写给城市的稻米书》《造物之美》等书。

一

水滴石穿，那是一滴水的力量。

沧海桑田，那是一汪水的力量。

水借风势，风长水势，造物之手从来不可小觑。

钱塘江的大潮，也是一部灾难史。据《钱塘江志》载，钱塘江出海口一带“受台风暴潮侵袭，新中国成立前 1331 年中，有潮灾记载的占 183 年。海塘溃决，咸潮影响可远到湖州、松江等地……”

钱江潮灾的历代记载，也是一部“吃人”的悲壮史。以发生了 69 次潮灾的明代为例，万历三年（1575 年），“岸坍塌数千余丈，漂流官民船千余只，溺人无算”；崇祯元年（1628 年）的潮灾，仅南岸萧山区便淹死男丁

17200 余人；正德七年（1512 年）潮灾，“男女枕藉以死者万计，苗穗淹溺，岁大歉”……

人类的生存发展是一部逐水而居的历史，而钱塘江入海口两岸人民的生活，亦是一部与水较量的斗争史。千百次的狂风怒潮袭击下，土塘被冲毁，村落和田野悄无声息地沉没，一座座小山峰成了水中的岛礁，笔直的海岸线扭曲成凹陷的弧形。

井水不断侵袭，人不断逃离。

海盐县位于钱塘江河口，杭州湾北岸，东濒滔滔大海，其县城武原镇距海塘不足半里，是全国离海岸最近的县城。

海盐的海岸线，在两千多年前，曾伸展至县治东 95 里外，那时澉浦至王盘山呈一条直线。传说当年，秦始皇出巡时，沿着从金山至澉浦的海岸线走过，能听到对岸绍兴城里的狗吠。

海盐县治在金山华亭乡柘林，后陷为柘湖；移至武原乡（今平湖城东），后又陷为当湖；再南迁至齐景乡山旁（今乍浦附近），又淹没在海底……至明初，岸线仍继续内陷，海盐县城的城墙离海岸只有半里之遥。

如此嚣张的海虐，怎不叫人胆战心惊？

二

这场搏斗，从一开始就艰巨无比。

尤其是在生产力水平还十分低下、全凭人力手提肩挑的时代，这搏斗胜算无多。历代王朝，都动用大量人力财力固堤御潮，然潮能巨大，海塘屡建屡毁。成千上万的人花了几年工夫才修筑起来的海塘，也许只需几个小时，就会被汹涌的潮水所摧毁。

尽管如此，先民们为保卫家园，从未放弃过信念。一方面，用各种办法修筑海塘，从最初的土塘、柴塘，发展到石囤木柜塘，直到明嘉靖年间，探索出鱼鳞式石塘这种成熟的技术；另一方面，借助镇潮、祭潮等巫术与宗教手段，两者双管齐下，以图杜绝潮患。从汉唐时代始，人们的这种努力就从未停歇。

五代时期的吴越国王钱镠，是历史上直接治理杭州时间最久、功业卓著的统治者，堪称杭州城市的缔造者。他曾率领万千民工三次扩城，使杭州城区成为南北狭长、中部稍宽的“腰鼓城”。同时，钱镠还有一项突出功绩，即是筑钱江海塘。

钱镠在江浪冲击最厉害的地段——候潮门至通江门外段，筑起“双重海塘”，以阻挡江潮对杭城的冲击。

此项工程，先在堤岸外侧，打大木桩六层，每层中间嵌以装有大石块的竹笼，再用灰沙混合土塞紧空隙，此为外塘；又在内侧，再筑石塘。“筑塘以石，自吴越始”，此工程是谓“钱氏捍海塘”。

这条捍海古塘，从六和塔筑到艮山门，长

三十三万八千五百九十三丈，外加土塘，内筑石堤，费时两个多月，耗资十万九千四百四十缗，近一亿一千钱。

捍海石塘自建成后，杭城不再遭受潮水侵袭，原先的卤湿地区，也逐渐变成良田。

接着，钱镠又在钱塘江岸建龙山、浙江两闸，遏制咸潮倒灌。

钱镠亲率弓弩手参加建筑海塘工程，造福百姓，百姓由此对钱王更为崇拜，在杭州至今流传着“钱王射潮”的神话故事——待潮至，弩张箭发，潮水果退，始筑塘成。

三

然而，筑海塘并不是一劳永逸的，而是年复一年的大事。

清代诗人查慎行有诗云：“沙崩岸塌风驾潮，潮头势与城争高，愚公移山或可障，精卫填石诚徒劳。”（《海塘叹》）

叹，再叹。这是人类在大自然面前的无力感。

钱王之后，石塘也并非覆盖全线，江潮依然时常为害。北宋时，张夏到浙任转运使，置捍江兵士五指挥，计有参加筑塘的军士2000余人。专门采石修塘，将原先的泥塘、柴塘改为泥石塘；派人加固原有塘堤，分段守护。

张夏建的萧山泥石海塘，共计12里，也叫北海塘。后来这种泥石塘得以推广各地，在钱塘江乃至全国的堤塘建筑史上，都具有重大意义。张夏后来殉职于海塘事业，在一次护堤抢险中，他的船被大潮冲翻，落水献身。

治理海塘，确实是前赴后继的事业。

明代时，海塘屡建屡毁，经常坍塌，江潮依然造成巨大灾难。从朝廷到地方，都对海塘极为重视，投入巨大财力、物力、劳力修筑和防御。这时，又有一位人物站了出来。

黄光升，嘉靖年间进士，历任浙江都指挥佥事、兵部侍郎，后至南京刑部尚书。

在杭州任浙江佥事期间，黄光升及时总结前人筑塘的经验教训，不断改进，把土石塘改为全石塘，还特别讲究塘基处理、条石纵横叠砌的方法。嘉靖二十一年（1542年）在海盐，创筑了“五纵五横鱼鳞石塘”，这是具有突破性的创新。

“五纵五横鱼鳞石塘”，修筑得十分巧妙。石塘全部用整齐的长方形条石一块块纵横交错、自下而上垒成，每块条石之间凿出槽榫，用铸铁嵌合起来，合缝处用油灰、糯米浆浇灌，层次如同鱼鳞形状，故称“鱼鳞石塘”。

“五纵五横鱼鳞石塘”经临潮考验有效，从此，海盐塘线才得以固守不再后退。为了加固塘基，从清代开始，人们还把一根根的“梅花桩”“马牙桩”钉死在石塘下面。

杭嘉湖地区，历来是中国的“钱库”和“粮仓”。雍正说：“浙江海塘关系民生，最为紧要。”康熙、雍正、乾隆三朝，都把修塘当作国策来执行。乾隆六下江南，四到盐官，背负的是一个重大使命：巡视和筹划海宁的海塘工程。乾隆还到海塘工地亲自打桩。

那时，海宁老盐仓已经建起了鱼鳞大石塘1340丈，但是戴家桥段的840丈却还是柴塘，险情不断。大臣禀告，此地沙软，无法下桩。乾隆一定要眼见为实。公元1764年，皇帝的銮驾来到了工地上。乾隆要亲手试桩。果然，工人将两百斤的夯木旋下去，入地还不及寸许。

直到20年后，民众才摸索出了“众桩合力同时齐下”的下桩办法。

消息传来，已经年逾古稀的皇帝分外喜悦，作了许多诗来纪念这迟到的成功。正所谓细节决定成败，戴家桥的成功经验，鼓舞了长达3940丈的老盐仓石塘全部竣工。

能量惊人的钱江大潮，终于在鱼鳞石塘面前低下头来。

四

夯要来，夯要来——

下面桩头要扶牢呀，

一寸一寸往下打。

夯哟奥到，夯哟奥到——

夯柱石头落得巧呀，

东海龙王要发愁。

哎嗨哎哟，哎嗨哎哟——

桩头往下去呀，

潮水冲不垮啊，冲不垮！

……

一声声振奋人心的劳动号子，如今还在盐官人的心头和唱。

直到20世纪60年代、70年代，盐官一带还常有“怪潮”，潮水并不只是现在的一线潮，有时是南潮与东潮相碰，越过石塘，直扑而来。潮水屡屡冲击石塘，也会造成损毁，当地每年都要投入巨大的人力修复。

修复石塘的工人便叫塘工。

塘工们在江边日复一日地垒石、打桩，不断加固百里海塘，捍卫着一方平安。老塘工金又波，是目前海宁少数还在世的海塘修复者之一，也是钱江潮习俗的省级传承人。

老人们依然能哼唱那些劳动号子。修筑海塘工程，从挑土填基，到采石搬运，从撬石，到打桩，再到砌石合龙，有着一道道工序，也因此产生了长杠号子、短杠号子、翻石号子、撬石号子、龙门桩号子、打夯号子、飞硪号子等劳动号子。人们把这些统称为“塘工号子”。

唷嗬——唷嗬喔！

来嗨——来嗨嗳……

大江大海，汹涌不息，江海沿岸的人们，也奋斗不息。

“不记钱王建国年，
尚遗强弩射潮痕。
地回王气归吴分，
山挟潮声出海门。
南渡几年犹昨日，
西湖疎影自黄昏。
客来独凭栏杆处，
时听渔歌过远村。”

如今，漫步钱塘江边，吟及宋代诗人柴望的《钱唐》诗句，忆及一代代先民与江潮斗争的故事，不由感慨良多。

沙棘中的方山

◎ 张玉

中国作协会员、山西文学院签约作家，著有个人文集《北寨以北》等。

遍布四野的沙棘，在吕梁西麓，春末时开细小的黄花，碎金般点在铁黑色的枝头；到了秋天，一簇簇一丛丛的橙色果粒就满山烧起来了。这种植物在我的家乡也常见，我们叫它醋柳，但是它零星而分散，不是成片的；没有这样漫山遍野的林子，没有这样铺天盖地的橙黄。我小时候去山里，总能采到满把满把这样的野醋柳，酸甜的汁液带着阳光的金黄，连接着我的童年。

在沙棘林中漫步，向导给我讲了两个故事。一个是说当年成吉思汗为了轻装上阵，将一批连年征战、体弱多病的战马弃于沙棘林中。待他们凯旋，再经过那片沙棘林时，发现被遗弃的战马不但没有死，反而都恢复了往日的神骏，一匹匹出落得膘肥体壮，奋蹄长嘶。成吉思汗遂下令全军采摘大量的沙棘果携带。果然，经常食用沙棘，蒙古铁骑比以前更加骁勇善战，直至横扫欧亚大陆。一个是说山西的省鸟褐马鸡，那是一种雍容华贵的鸟类，毛羽蓝褐相间，十分美丽。但在人工养殖的过程中，褐马鸡出现了尾羽脱落、毛色黯淡无光的现象，这一问题很长时间未能解决。直到前几年，在科研人员细心研究发现，褐马鸡在野生状态下，由于长期吃沙棘叶和果实，才使它有如此美丽的羽毛。于是，饲养员开始给褐马鸡喂沙棘果渣和叶，几个月后，人工养殖的褐马鸡重新变得漂亮起来。

时至深秋，依然有晶莹的沙棘在枝头燃烧，浩瀚的沙棘林毫无萧瑟之感。林下芳草鲜美，竟有春天的气息，几只不知名的小鸟飞上沙棘枝头，这些精灵的羽毛镀着沙棘一样灿烂的橘红和金黄。向导小李是本地小伙，二十几岁，还没有成家。他是一个环保组织的志愿者，每年春夏之交回到家乡，来沙棘林中居住，待初冬万木凋零，他就离开林区，北上京城。他说沙棘林最美丽的季节就是此时，沙棘成熟，百鸟来朝，各种飞禽走兽纷至沓来，在这里享用一年一度的盛大宴席。他在这里看到过许多平时不得见的珍稀物种，有鸢和鹞子，还有麝和老豹。

沙棘长得极快，小李的毡房前有两条小路，隔几天不清理，新长的密密的沙棘枝就会把这小径封锁，所以他日常的工作，还包括修剪树枝和草地。

传说中的沙棘，顽强生存在贫瘠的黄土高冈，积聚着人迹罕至的荒凉山脉的地气，只有那些淳朴的山民，才知道它拥有怎样强悍的洪荒之力，才知道用怎样的热爱获得它的眷顾。它清凉、酸爽、鲜美，在时间之河里，岿然地等待一双拨开荆棘、攀上山梁的手，岿然地等待一双越过苦难，欣喜地望着它的眼眸。它愿意低下头，把满捧灿烂的果实奉上，这是一个关于光明的隐喻。

我把沙棘汁倒在粗瓷大碗中，入口冰凉，留在喉头的是一阵阵粗粝的酸；但是这种酸在喝过一会儿后，能从舌尖上感觉到某种意味深长的清冷的甜。这种原始的生猛的酸甜，是现代科技以任何先进流程都无法复制的一种味道。吕梁山里流浪的风沙哑着嗓门从沟底窜了上来，我掰了一小枝沙棘，嗅着它的香。

翻过落辉山，风冷下来。远远望见峪口河边有灰白的芦苇，如零落的雪花。苇丛中一只黑鹳沉静地俯视流水。站在那个角度很容易掌握游鱼的动向，我看到它专注地看着水中的波纹。峪口河对岸是临县的湍水头，我们要从这里渡过。太阳已经西沉，玫红和浅紫的云块上下浮沉，余晖抹在一座座低矮的小丘陵上，这里也有沙棘林，沙棘在夕阳中红艳如火，岔路口上有老农担着枣叫卖，枣筐边缘也斜插沙棘枝，沙棘簇成黄色的伞，那老农整了整头巾，沿河轻捷地走远。

路越来越逼近河边，天黑下去，水声渐大，路上迎面驶来一辆三轮车，突突突的声音轰隆在山水之间。此刻世界沉寂，万物都黯淡了，我像穿行在一轴淡水墨的画卷中。多么遥远的行走，我走在方山的边缘，跌入无限的时间。河流上浮着水鸟的叫声，水上浮着的星光和天上的星光，呈两种不同的亮度和姿态，我从星子的缝隙中看过去，忽然望见对岸的临县亮起一盏孤灯。

黄河的事

◎ 葛道吉

中国作协会员，中国散文学会会员，河南省散文诗学会副会长。已出版多部文学作品集，曾获冰心散文奖等文学奖项。

小浪底是黄河的一个据点。

在桐树岭码头，碧绿的水域漂植着整齐划一的养鱼网箱，风吹浪涌，像庄稼地的麦垄，随弯就势，甚是美观。有兴奋着的鱼跃出水面，尽管有密密的网罩着，还是引来了白色的、灰色的有着长腿、长脖子的水鸟蹲守。在漂浮的网箱边沿一蹲就是几个小时，机灵的眼光随着游鱼的摆尾，它的巧妙是在有限的网眼里叨住鱼的头部，顺利地钳出来，任凭你鱼尾拼命摇摆，脖子一伸，流水一样进去了……

“回来喽——”

水面上飘过来声音，是老刘爱人喊叫吃饭。老刘说，“走走走回家（指他的生活船）吃饭，今天咱哥俩喝两杯！”我说，“别客气，今天就不喝了，待会儿还要赶回市里，一喝酒就不能开车了。”

我知道在船上喝酒很浪漫，那次老刘硬拉我到“家”里小酌，妻子在“厨房”嗤嗤啦啦就是几个下酒菜。一个清炒大虾，一个油炸小银鱼，一个干炸鱼块，一个煎白条。老刘拿两个碗倒上酒，说，没什么菜，随便吧。就用手捏了吃，我也下手捏，老刘就把我当了真朋友。

老刘是河北人，是小浪底这碗水把他引过来的。当王屋山的农民面对漂上山头的水一时无所适从的时候，水上两艘小机动船各自画个半圆牵了手，然后开始在板船上收绳，那是推磨的旋转，水面的浮漂悠悠然靠拢，自然而有条理地紧缩，紧缩。突然水里射出一道白光，画出弧线钻进10米开外的碧水。一道，两道，哗啦啦炸了锅。飞出去的是有经验的“机灵鬼”，大约不到10条吧！后来炸锅是因为网口收小，致使飞鱼不能得逞，开锅似的沸水，是翻腾的浪花和浪花的笑声。

岸上的农民看直了眼，纷纷上船打工学技术。给农民发工钱的人就是老刘，刘跃存。满河的人都喊他老刘，没人知道他的名字。我认识他，是看中他大无畏的豁达，是他无私地传授了捕鱼、养鱼技术。

没几年光景，库区内桐树岭码头、张岭码头、大峪湾、高沟、小沟、毛田等沟沟叉叉里，网箱像天上的星星不计其数，而后发展起来的专业村和个体捕养户，投入规模远超老刘的多得是，效益好的也大有人在。

而今老刘已是有了孙子孙女的爷字辈。我思忖着不简单，突然想说为了水面上的环保，省委相关部门专门下了指令的，心里忍了忍没说出口。大凡没到过水边没到过小浪底捕捞养殖垂钓现场的人都不会知道，水面、岸上的卫生令人犯愁，随处可见各色包装袋、塑料兜、瓶瓶罐罐等。风吹袋飞，落入水中的随波漂游，或聚集在沟尾港湾，密密麻麻。这只是表面，谁知道一个网箱每天投多少鱼食，水质会怎么样呢？

老刘的船上就固定着一只塑料筐，一根手握粗细带钩的长棍，在他活动的水域，见到水面上的任何漂浮物都要打捞，然后带上岸送到码头的垃圾存放处。我看在眼里，知道那是一种行为的细节，无须惊动和言说，本来一水东流平缓宁静而波澜不惊，你投了石或掬一捧清凌以示爱慕，却反而生出涟漪惊扰了平静显出生分，得不偿失呢。

尽管如此，一条小船在近 70 平方公里的浩瀚里，竟是那样的微不足道。

终于在 2016 年冬季一个北风呼啸的傍晚，老刘打来电话说："老葛，给你说一下，黄河上已经结束了，渔政给咱的网箱清算 10 万多也到账了，能出售的全都出了手，就剩两箱草鱼苗子，完了带走再养。"我说："这么快！”他说：“上边有指令，咱没得说。只是告诉你，今年在孟津过年，你春节到孟津县家里做客。”我说：“好的，一定去……”

这是清洁黄河的一个大举措。老刘当然知道断了黄河的养殖路，也曾婉拒过同行的对抗串联，签不签字、结不结账是你别人的事，我老刘没什么好说的！立马清理！

春节前习惯性又来到黄河，网箱零星着歪扭着少了许多，没有了先前的规整和生机。“老刘走了，跑得比兔子还快！”经常和老刘唠嗑的一个养鱼人和我熟悉，就对我说。我说：“你的清理怎样了？”“正清着呢，空箱越来越多。”我看看水面，镜子般照出事物的生动。

对于黄河小浪底以及西霞院库区的这次近百公里清洁行动，是保护黄河水质的重要手段。试想，下游的郑州、开封、济南等城市的生活饮用水离不开黄河，黄河水质的优劣关乎着千千万万民众的安全与健康，这是何等重要的关乎民生的大事，和自己一个小小养殖户经济收入没有任何可比性！老刘的清醒比库区的水还透彻，难怪清理的速度“比兔子跑得还快”呢。

春节后我专程到孟津县城老刘的家里做了一回客。老刘在电话里诚恳地让我去看看，我就答应了。能不答应吗？像兔子一样收了网箱就跑，下步的路子朝哪走，是我最想要知道的。

三杯酒下肚，老刘说：“下步不慌，想找一个合适的水塘承包下来，找不到就趁机喘喘气休息一下。”我说：“顺其自然，就需要你这样的心态。”老刘又主动和我碰了一杯酒，诚恳而又无所谓的样子。

我清楚，老刘是有分寸的，进与退在他心中毫不含糊。

就在丁酉年春夏之交的一个傍晚，老刘打电话通知我，在孟津县横水镇承包到一个“五八水库”。我说“好呀，有多大？”“二百多亩吧。”老刘告诉我。

好家伙！还真够大的。

桐树花开，一嘟噜一嘟噜的紫白色喇叭状花，被阳光着上色，越发明丽，再加上蜜蜂的陶醉，更加散发出诱人的清香。小浪底南岸属丘陵地貌，盛产桐树呢。老刘已在水库的路口等着我了。

“这水库应该是大跃进年代的产物了吧？”我猜测着寒暄。

“是，在横水镇签合同时，他们也这样说。”老刘很兴奋。

墨绿色的水有点泛黄，相比小浪底的水完全不同。我终于没有控制住自己，说：“这条件和小浪底水质相差太远。”

老刘看着水略有所思地说：“离开黄河就是保护黄河，对咱个人而言，无所谓！”

话语很平静，像眼前的水一样无波澜。我看一眼老刘，他镇定自如，的确无所谓。

我的心踏实了起来。

哈尼梯田熠熠生辉的生态智慧

◎ 李承峰

中华环境保护基金会宣传部主任，中国摄影家协会会员。曾发表《根植于生态文明沃土》《天边上的那条路》等多篇党建文章和文学作品。

行走在哈尼族的村寨，犹如置身于一幅山水林田湖的图画中。仰望山上，那是一众郁郁葱葱的森林矩阵；俯瞰山谷，那是一览层层叠叠的壮美梯田。那经流不息的汩汩清泉，把森林、村寨、梯田、河流完美地融合在一起。山高水长，千年时光。哈尼人乘自然之势，辅人工神力，坚毅地演绎了一部由游牧民族到农耕民族嬗变的文化历史，创造了壮丽美奂、生态智慧的人类农耕文明奇迹——哈尼梯田。

“四度同构”的生态智慧

追本溯源，哈尼族是一个迁徙而来的民族。他们原是长江、黄河上游甘川藏结合部的高原古氐羌族群落。

因为战争，其中一部沿着怒江、澜沧江、金沙江等高原河谷向温暖的、水草丰足的、森林茂密的南方迁徙。一路上，经四川盆地到云贵高原，再从大理到昆明，以不断埋藏武器的方式向人示好，忍辱负重、委曲求全，希望能有一块容身之地，最终在哀牢山停住了脚步。

古往今来，迁徙总是一个沉重的话题，或为了生存，或迫于无奈，九死一生。但是，几乎所有成功的迁徙背后都有奇迹的产生。

对于哈尼人来说，哈尼梯田就是迁徙带来的奇迹。那支走入密林的羌族部落渐渐融入当地，一支被称为“和夷”的新兴农耕民族在部落消失的地方崛起。一层一层的梯田向山脚下延伸，一捆一捆的禾谷背上山去，从此世世代代千年不息。用哈尼人自己的话说，梯田就是哈尼人，哈尼人就是梯田。那一条条的田埂是他们的筋骨，那一田田的红泥和流淌的清泉是他们的血肉，那一枚枚摇曳的稻谷和一尾尾游动的鲫鱼是他们的灵魂。

清晨，我行走在冬春交季的梯田里，呼吸着新鲜湿润的空气，聆听着汩汩的流水，感受着光影的世界。“吸一口吧！”热情的哈尼兄弟递过来一个水烟筒，并用一根点火绳帮我点上，由于吸的劲大、回的气快，结果造成了烟筒反水。

水，是这里的主题，是串联“四度同构”的纽带。水从高山森林而下，滋养着村寨的人们，然后依次浇灌梯田，并沿层层梯田汇入江河。江河中的水在亚热带气候的作用下，升腾凝结重新回到森林，循环往复如此千年。生态学家把这种森林、村寨、梯田、河流同框在一个画面中称为“四度同构”。

当年，哈尼族的先人选择在海拔800~2500米的高山区段停下脚步，是迫于无奈。然而，没有当年的被迫，也就没有今天的奇迹。当哈尼人在山林中与自然对话、为生存而战的时候，他们学会了顺应自然、利用自然，而不是破坏与污染。在当前生态环境面临巨大压力的形势下，哈尼人的生态智慧给了我们足够的启发——面对自然，要有所为，有所不为。

自然天设大美梯田

大美梯田美在自然，更美在孩子们心中的那份纯净。在哈尼梯田，我看到一个彝族女老师带着一群哈尼族孩子走在田野中，追逐嬉笑、迎风浴晒，在老师的指导下每个孩子创作了一幅自然之画。

据介绍，哈尼族的孩子从小做的游戏就是制作梯田，男孩子每人一把小锄头，在地上模仿大人开梯田。虽然是玩耍，但是和大人们开梯田的程序完全一样。先开水渠引水，然后筑起层层的田埂，把水引进“小梯田”里。女孩子则各背一个小笆篓，在开成的“梯田”里面玩捉黄鳝、摸泥鳅的游戏。

真正的美丽不是画出来的，哈尼梯田作为经典的农耕文化和典范，隐没在山林之中，镶嵌在自然之间，是一种实实在在的美。

千百年来，哈尼人用双手在大自然中“打磨”和精心“雕琢”的哈尼梯田，是一种真正的无与伦比的大地艺术，其线条、韵律、节奏无不浸透着人文之美和自然之美。

置身哈尼梯田，白天阳光照射熠熠生辉，夜间繁星闪烁银河九天。那种美丽让人真实、令人陶醉，使人敬畏。它犹如“天梯”，层层阶阶，或大或小、或高或低，弯曲婀娜，从山脚下到山顶端，从这山连到那山，田埂千回百转，通往山寨、通往森林、通往河流、通往未来。“一山分四季，十里不同天”。春天像一块块绿茸茸的地毯，夏天似一阶阶澎湃着的绿浪，秋天如一幅幅金色的水墨画，冬天则变成了一面面明亮的镜子，映出山林的妩媚、耀出云雾的灵动、照出天地的永恒。

然而，青翠碧绿，金色满园，千池叠瑞，这只是她的表象。千年生态智慧更体现在高山湿地对自然生态的呵护中。

当年，哈尼族的先民来到这里时，由于连年山洪使水土大量流失，为保护赖以生存的家园，他们开始修埂筑坝，就势弯曲、层级设置、减缓冲击，渐渐补救了大自然的不足，慢慢形成了可以耕作的梯田。由此，也造就了一块巨大的高山人工湿地，不仅实现了蓄洪防旱功能，还发挥了调节气候的作用。前些年，云南遭遇百年不遇的大旱，哈尼梯田水量丰沛竟然不受影响，尤其是梯田生长的红稻米竟然基因千年都不退化，而且对化肥等极其敏感，一旦施肥便生稻瘟病，是实实在在的天然绿色食品。

因而，大美梯田，不仅美于景观，更在于生态智慧的内涵；大美梯田，不仅在于收获，更在于与大自然的和谐共生，大美梯田宣示了如何让生命与自然一起达成永恒。

我们为哈尼梯田而歌，因为她顺应了自然，养育了一代代哈尼人；我们为哈尼人而歌，因为他们创造了人类的奇迹为世界贡献了绝顶的生态智慧。

一首永远的歌

“耕田要像土狗打洞，不怕烂泥沾在身上。做活要像黄牛犁地，再苦再累也不消忙。”这是哈尼族人栽秧时唱的歌。每当春耕时节，他们就会一边插秧，一边唱歌。那清脆嘹亮、委婉动听的歌声在田野中飘荡，使人焕发精神，不仅唱出了劳动的干劲，还唱出了人们对五谷丰登、幸福生活的向往。

这就是他们的生产歌。在哈尼族，有一套关于自然山水、动物植物、生产生活和经验智慧的完整的民间农业生产文化知识体系，被简化为了《哈尼族四季生产调》，包括“引子、冬季、春季、夏季、秋季”五个单元。“引子”部分强调祖先传承下来的四季生产歌对哈尼族的生存所具有的意义。其他四个部分按季节顺序讲述梯田的耕作程序、技术要领以及与之相应的天文历法知识、自然气候变化规律、节庆祭典和人生礼仪规范等。

这些知识往往是在师徒、父子、母女之间，用口传心授、言传身教等方式，在梯田里、火塘边、酒桌上、染布坊等场所进行传授。一年又一年、一代又一代，就这样哈尼农耕生产生活在四季轮回中传承了千百年。

然而，这些年，很多哈尼族的年轻人走出了寨子，走向了城市，融入了现代城市的生活大潮中，只偶尔在逢年过节和农忙时回来。留在寨子里的多是上了年纪的老人和孩子，男人们挽着宽腿裤、手持镐头，面朝水田背朝天地修葺着田埂；女人们则背着笆箩筐在田里，要么捡拾泥鳅，要么服侍田埂。有些梯田的埂已经很脆弱了，一旦有一个溃坝就会引起连锁反应，尤其是雨季的时候。千年农耕文明，面临着无人可守的局面。

让我们欣慰的是，哈尼梯田被列为世界文化遗产、国家级文物保护单位，一批外出打工的年轻人开始重新回到寨子，他们将担负起新的传承责任与使命。在扶贫攻坚中，他们有的担任了寨子的书记，有的被选为村主任，在他们的影响下，更多年轻人开始考虑返乡耕耘这份乡愁。

“布谷、布谷”。春天来了，一只布谷鸟从遥远的天边飞来。《哈尼族四季生产调》又将重新唱起来，希望这首生产调可以永远地传唱下去，让智慧延续、让奇迹延续。

春风又绿江南岸

◎ 许国华

苏州市作协会员，作品散见于《人民文学》《文学月刊》《短小说》等报刊。

一阵急促的电话铃声，惊醒了我双休早上恬美的清梦。提起电话，便传来老爸急匆匆的声音：“满良的混凝土搅拌站关了。去年环保不合格，被查了几次，罚了不少钱，整改又没到位。国家推出环保税，他一看没法再办下去了，只好乖乖地把搅拌站关了。”

电话是老爸从乡下老家打来的。听到这个消息，我心中说不出什么滋味，想起了乡下日见恶劣的生态环境，想起了那首套改《大风歌》的顺口溜。

“终于可以不受搅拌站的那份罪了。”电话那头，老爸如释重负。

放下电话，我想了想，还是回老家走一趟吧。

我的老家，是个“犬吠两市、鸡鸣三镇”的偏僻小村，被人戏称为港城的“西伯利亚”。由于地处两市、三镇的交界，一个纯属“三不管”的地带，交通配套滞后，基础设施薄弱，在招商引资上一直处于劣势。在那个“唯GDP论英雄”的年代，乡下老家的村级经济一直徘徊不前，远远地落后于其他乡村。为了脸面上的光彩，村里便引进了一些旁村不愿引进的重污染、高能耗的项目，甚至有时还打打擦边球，引进一些淘汰、落后的项目。

满良的混凝土搅拌站，就是在这样的背景下引进来的。站址选在村里遗弃的养殖场上。

搅拌站机器隆隆一响，村里便永无宁日，苦不堪言。本来乡下老家是工业化社会中难得的一方净土，虽然经济落后，但也远离工业污染，仍保留着竹篱茅舍、草长莺飞的天然田园本色，是野钓客心目中的天然乐园。可是，搅拌站的生产，毁灭了这里的田园本色，村庄从此便淹没在粉尘烟灰之中。

大风一起，搅拌站中的粉煤粉、水泥、矿粉，便四起飘荡，灰蒙蒙的，笼罩了整个村庄。搅拌车、搅拌机的清洗污水，偷排到横河或农田里，黑乎乎的，四处流淌。白天，肆意妄为的搅拌车，横行霸道，抢占乡村公路，使本来并不宽敞的道路出行更难，严重的超载，也让乡村公路破损厉害。夜晚，搅拌站的废气，偷偷地排放，刺鼻的味道，如无孔不入的蚊子苍蝇，扰得村民不敢开窗透气。

村民愤怒了，向村委会反映了“还我清新空气，还我洁净家乡的”强烈心愿。一则套改的《大风歌》顺口溜，迅速地流传开来：

大风起兮尘飞扬，

污水废气兮溢家乡。

后生买房兮躲远方。

村委会高度重视，一边责令搅拌站整改，一边与村民代表、搅拌站达成了三方协议，由搅拌站补贴每年每户农户一千元。

乡下空荡荡的，成了一座“空村”。年轻的一代都想方设法去城里买商品房，逃离了原本美好的家园。只有那些年老体迈的长者，无奈地守望最后的家园。

我回到老家时，老爸已在桥上等我。退休后的老爸，老有所乐，在村老年支部与老年协会发挥余热。

“回来得正好，待会儿村上的领导要去搅拌站看现场，准备在那里建设一个村民休闲场所。”老爸热情地给我介绍。

此时，乡亲们断断续续地围了过来，七嘴八舌地抨击昔日饱受搅拌站污染之苦。

“老天总算开眼了，关掉了这个贻害子孙的搅拌站。”

“幸亏国家开征环保税，不然这个搅拌站不知要祸害到几时。”

“就是哟。国家早该管了，你看电视上雾霾天气这么严重，如果放之不管，地球早晚要毁灭。”

“现在因为环保不达标，关掉了很多厂，看来政府的决心与力度是空前的。”

我随老爸与村干部一起去了搅拌站所在的遗弃养殖场。关闭了搅拌站后，没有了粉尘、污水、废气、噪声的嚣扰，这里显得更加空旷与幽静。村干部绘声绘色地讲着建设构想，一个绿荫秀水、生态优美、自然和谐的美丽乡村画面渐渐浮现在眼前。

恍惚中，我仿佛走出了钢筋水泥堆砌的丛林，进入了富有情趣与诗意的乡村，似曾相识，却又陌生，水岸石驳，花径林荫，农院田舍，瓜棚豆架。

“这里建个乡村门楼。我们村委会商量好了，届时请你这位本乡本土长大的作家，题写副对联，不允许推辞啊。”村干部半开玩笑半认真地说道。

“噢。”我突然悟过神来，从遐思神游中回到现实。原来走着走着，我们已经走到了村头。放眼望去，麦田郁郁葱葱，一望无垠，零星的几块油菜花田点缀其中，那绚丽的黄与撩人的绿，组成了一幅赏心悦目的乡村春色油画。

经过村委大楼时，一条红色的横幅格外醒目：“生态文明中国梦，绿色税制民生情。”

一阵微风扑面，顿感神清气爽。“春风又绿江南岸”，清爽的春风吹拂着大地，吹走了粉尘、污水、废气、噪声，吹来了清新的空气、悠闲的白云、恬静的生活。

我想，环保的春天已经来临，花果飘香的日子就不会太远。

金川的白

◎ 袁瑛

中国作协会员，巴金文学院签约作家，曾获在场主义散文奖、冰心散文奖等，著有《落花人独立》《我是人间惆怅客》《此情深处近无色》等。

春分的早晨，我在成都阴灰的天气里出发，赴一个450公里的远方。

那个远方，叫金川。

此去，专为金川梨花。

跑那么远去看梨花？临行，我还在犹豫。

梨花在眉山，是不稀罕的一种。眉山市内有好几个丘陵乡镇，以种梨为主业，我曾多次去看过那漫山遍野的梨花。而要为一种烂熟的事物长途跋涉几百公里，金川的梨花啊，我怕我会失望。

成都到金川，这一截450公里长的线段，先在成都平原铺展，再挤进高山峡谷。

这样的高山，梨树该怎样生存？我在怀疑的同时充满好奇。

而率先鄙夷我起伏心情的，是进入马尔康后高山上一撮一簇一片轻盈灵动的粉红。这些轻粉，像蜻蜓收拢了翅膀停在乱石磊磊草木衰黄的山体上，声响大一点，就会惊飞它们。

这些粉红的花，是野杏子的花，野桃子的花。

它们像汇入海洋之前的溪流，像乐章的序曲，要引我坠入那梨花的深渊。

从马尔康到金川，只有96公里了。这96公里快得不可思议，心里还没有准备好，一块蓝底白字的“金川”界牌就从车窗外飞过去了。而梨花就在此时出现。出现得如此泾渭分明。

山明亮起来，天明亮起来，云朵明亮起来，树木明亮起来，空气明亮起来，连眼睛也明亮起来。而最明亮的是梨花。路两岸是梨花，河两岸是梨花，山上山下是梨花，屋前屋后是梨花。

仿佛要给梨花腾出生长的空间，从汶川到马尔康一直逼仄着公路的两岸高山，到金川后从河的两岸往后退了过去，退出长长的缓坡流到河里。在这长长的缓坡上，便可以从容生长出入，房屋、梨树、山白杨。

山白杨绿得清浅而飘逸，跟水粉画里春天的树长得一个模样。是谁拿了画笔混合了“藤黄”和“三绿”两种颜色在一堆堆一团团雪一样白的梨花里飞快抹了一笔，又抹了一笔，再抹一笔，这里抹一笔，那里又抹一笔。

我在这浩荡的白面前失语了，我变成一个只有眼睛的人，浑身上下都长满眼睛。我的眼睛拿去看梨花了，我的耳朵拿去看梨花了，我的嘴巴拿去看梨花了，我的手和脚，都拿去看梨花了。

白色的炊烟从白色的梨花丛中飞起来，戴着王冠装饰的藏寨，威武而庄严，金川被梨花淹没。所谓画里的美，便是金川此时的样子，是金川春天的样子，是金川梨花漫山遍野的样子。

对了，金川的梨花，是开在树上的。金川的梨树，是以乔木的样子生长的。金川的梨树，最古的，有两三百年的年龄了。

在金川的第二天，我问一棵梨树：

为什么会选择金川？

为什么只选择金川？

为什么你们在金川长成乔木？

为什么你们在金川如此繁茂？

为什么你们在金川这么白？

那棵梨树不理我。它高举着一树雪白的花朵去亲近头顶的白云、蓝天，还有阳光。我因它的无言而倍感冷落。我在和它对视的时间里被那白雪一样的梨花灼伤，被那种白灼伤。

我的问题是多余的。很多时候问题也就是答案。从问题到答案，没有答案。

梨花和金川，彼此互相命名。

金川的梨花，盛大、茂密、明媚、妖娆，而又安静、独立、端肃、自持。噢，我是把它们看作了她们，要把这许多带着人的性情色彩的词语赋予它们。我在“它们”身上，加持了“她们”和“他们”。

金川的梨花，兼具男子和女子的优点，既阳刚又妩媚，以一种丰富而奇异的个性吸引得人坠落。而我是深深地坠落，坠落于一个白色的深渊。

从金川回来，眉山的樱花开得正盛。而我却再没有看花的欲望，像一个曾经沧海的人，所有对花的爱恋，都给了金川的梨花，给了金川那一树树的白。

与鸟儿共享春天

◎ 周水欣

中国铁路作协作家。作品散见于《三联文化周刊》《新民周刊》《雨花》《散文家》等报刊。

一　春天的苦恼：鸟巢带来安全隐患

万物生长，草长莺飞的春天，是一年中最美好的季节。可是，对于上海局南京供电段扬州接触网工区的小伙子们来说，每到此时便会遇到让他们感到有点头痛的事——如何应对“鸟害”。

春夏之际，正是鸟类筑巢繁殖的黄金季节。宁启线开行后，鸟儿们有了新的筑巢点——喜欢在铁路接触网设备的硬横梁、支柱、避雷器底座等有平台的地方筑巢。

这些地方对于鸟儿来说隐蔽、坚固，但它们筑巢使用的那些小铁丝、短树枝、破布条、渔网碎片等“建材”，却会在遇到风雨雾等特殊天气时，很容易脱落，极易造成高铁沿线接触网设备短路，甚至烧坏设备，引起接触网或者电力线路停电，给铁路运输安全造成极大影响，影响途经动车高铁的安全行驶。

上海局南京供电段扬州接触网工区的小伙子们一到春天就开始为这些鸟巢闹心。看着兴致勃勃、叽叽喳喳飞来飞去的小鸟，他们苦笑，连连咂嘴，必须要消除鸟巢带来的隐患。

以往的做法也很多，如增加巡视次数、发现鸟巢及时清理等。但一方面小鸟可不是被吓大的，硬是与职工们展开“游击战”，你捅我就跑，你走我再回来。鸟儿们还特别聪明，鸟巢处理完毕后如果没有及时回收并销毁这些材料，它们便把这些“建材”再衔回去，继续利用，真让人哭笑不得。

另一方面，小鸟们非常能干，巢穴极具艺术性。比如，喜鹊的巢，外部枝条纵横，细密有致，结构非常复杂、精细。从外面看，整个鹊巢为直立的卵形，严丝合缝。巢是一圈一圈的，最小的外径约 50 厘米，最大的外径达 85 厘米，简直让人叹为观止。

看着鸟儿辛苦筑起的小巢，巢里面甚至还有几只嗷嗷待哺的幼鸟，也不能直接捅掉，着实让人苦恼。

二　春天的巡视：清除“违建”代建新家

这个春天，为了“鸟巢”问题，接触网工区的小伙子们专门成立了课题攻关小组，题目就叫《如何降低春季鸟巢对接触网安全的影响率》。

他们增加巡视频次，每天登乘巡视管内设备上、下行接触网，重点对隔离开关底座、硬横梁吊柱、供电线格构钢支柱、棘轮底座等关键处所鸟巢搭建情况进行重点盯控，同时工区对管内添乘检查时不易发现鸟巢的枢纽地区、动车所、联络线、供电线等进行梳理统计，组织职工对这些区段每日进行步行巡视，保证不遗漏一个鸟巢。

沿线步行巡视时工友们全副武装，携带大背囊，内装接地封线、验电器、杂物杆、脚扣、望远镜等，以便在发现鸟巢后可及时登高处理，那些用于搭建鸟巢的树枝要带走并销毁，以免小鸟们“再利用”。

他们还建立了鸟巢台账，哪里易发、哪里已处理、哪里需观察，门儿清。在鸟儿容易看上的地方安装了新型驱鸟器，驱鸟器带有声波、反光，还有风轮，充分利用大自然的力量，能模拟枪声、老鹰的叫声。这还不够，路段还装上了新式的检测装置，相当于“鸟巢记录仪”，随时了解这些“易被小鸟看上地段”鸟窝形成情况。

另外，也很“鸟性化”，对于不影响供电设备安全运行的鸟巢，就暂不处理，如位于带电设备下方并有足够的安全距离的支柱或供电线支柱上的鸟巢。最重要的是，小伙子们还在树木较少的地区安装了许多人工鸟巢，这样既能减轻鸟类对铁路供电设备的依赖性，也更能保护鸟儿的安全。

三　春天的微笑：与鸟儿和平相处

在巡视中，对那些初步形成的鸟窝，大家就连着“建材”一起转移到人工鸟巢里面。

他们还在夜间集中巡视鸟巢搭建情况。有一次，工人庄真发现一只藏身在横梁后的成型鸟巢，便悄悄爬上去，探过头往里面看：巢里铺着厚厚的草枝，还有好几只幼鸟，正懵懵懂懂看着电筒，也不知道害怕。一只大鸟一直在周围盘旋嘶叫，作势要往下俯冲，却又不敢太近。看看鸟巢还蛮坚固，庄真就在同事们的帮助下，小心翼翼把住整只鸟巢一起搬到了旁边不远处搭建好的人工鸟巢内，然后悄悄离去。

以后庄真每天巡视途中都会专门去那里打探。人工鸟巢里放置着自然鸟巢，厚实温暖，防雨避风，俨然成了鸟儿们的新家。而渐渐长大的那些小鸟们已经开始练习飞翔，阳光下，只见它们身上呈现着紫色、绿蓝色、绿色的光泽，翼肩有一大块白斑，翅膀呈楔形，嘴、腿、脚是纯黑色，腹面软毛儿以胸为界，前黑后白，漂亮极了——居然是灰喜鹊，国家二级保护鸟类。

这个春天，课题也有了阶段性的结论。让他们欣喜的是，一年间，鸟巢在不该出现的地方“违建”从 83 处降到了 47 处，大大降低了可能因鸟巢带来的铁路接触网故障发生率。

与此同时，一幕幕为鸟儿搬家的童话剧目也在不断上演——将鸟蛋或幼鸟连同鸟巢一起搬到人工鸟巢内，让鸟儿与高铁设备，两两相望，保持安全距离，和平相处。

现在，再听到鸟儿在蓝天下啾啾鸣唱的声音，庄真他们露出了会心的微笑。嗯，生命生生不息，轮回婉转。嗯，我们与鸟儿共享春天。

故乡的大山

◎ 桑杰才让

藏族，青海作家协会会员。

在藏族文化里，每一座山上都居住着一尊山神，山神统领着诸多大大小小的精灵。千百年来，每一尊山神都按各自的职责，尽心守护一方领土，护佑一方百姓。山民幸福了，山神才能安心。在山神世界里，也跟人类社会一样，有各自的职责，分工明确。

我的故乡在卡力岗山上，卡力岗山脉地处化隆县西南部，从东往西由尕加山、尕吾山、路曼山等诸山组成的山系，其间分布着阿什努、沙连堡、德恒隆三个行政乡。准确地说，我的故乡就坐落于卡力岗山脉东边的尕加山下。但由于尕加山系属卡力岗山脉，故允许我用卡力岗山脉这一特殊的地理名词介绍故乡的大山。

不管是尕加山、尕吾山还是路曼山，这三大神山的主要特征是悬崖峭壁，青草野花在陡峭的山崖间蔚然生长，秃鹫、燕子、各种小鸟在群山悬崖间繁衍生息。

我最熟悉的大山是尕加山，从山体本身坐落的地理位置而言，尕加山位于阿什努乡，阿什努乡的主山当属尕加山，尕加山在藏语里曾有另一种说法叫尕加拉尕，意思是尕加山之上的山，从这个称呼可以推断，历史上的尕加山高耸入云。这也印证了尕加民间流传的一则故事。

远古的尕加山上居住着三大山神，他们都是亲兄弟，历史年代应该是原始部落时期。老大和老二经常率领部落群体骨干人员向外发动部落战争，老三在家守卫部落群体内部的鳏寡老幼，可是老三不想守家，也想参加战争。每次老大老二外出战争的时候，老三在家谋划如何让老大老二永远踏不进家门，这样自己可以统率部落士兵外出征战。在某一个天麻麻亮的黎明时分，老大老二在牙帐里共谋出战计划时，老三带领几名亲信士兵，以迅雷不及掩耳之势，将两位哥哥捆绑起来，打成残废扔进了尕加山沟。然而两位哥哥奇迹般地复活了。据说是他们的母亲从阴间来到了阳间，救了两个儿子，还托梦给老三,千万不要第二次杀死两位哥哥。就这样，身负重伤的老大老二只能另寻活路，老二去了尕吾山，老大去了路曼山，他们各自重整旗鼓东山再起。后来，等到老大老二重新组织自己的部落群体，率兵反攻尕加山的时候，被母亲劝阻了，于是三兄弟守卫各自领域，互不侵犯。

经过历史的沧桑巨变，三位兄弟化成了原始本教的山神，成了广大民众信仰的神山，后来本教经过了佛教的一系列招安土改后，诸神山又有了新的故事延续。尕加山上垒砌三座拉则，由东到西是“启麦拉则”“多隆拉则”“色蓝拉则”，路曼山上垒砌了“路曼拉则”，这些拉则分别由不同的藏族村庄供奉。其中路曼山上的“路曼拉则”是一尊女性护神。我的家乡供奉“多隆拉则”。“拉则”是藏语的音译，意思是山巅。每一座拉则里居住着一尊不同的护神，这些居住在拉则里的护神，实际上都是某个历史时期，身经百战的英雄人物或一方豪杰。他们牺牲后，民众将其供奉为“护神”，保一方平安，求一方幸福。

拉则必须建立在山巅，其建立过程是，请一位活佛或高僧，在山巅选址，挖地三至五米，内室里存放经文、佛教器具、金银珠宝，或弓箭刀枪等模具，中间树立一根削圆的旃檀木。旃檀木上镌刻藏文，这根旃檀木就是拉则的灵魂，旃檀木上镌刻的藏文内容可以是民众的愿望，也可以是现成的经文，由于目的不同，内容也不尽相同。最后用石头垒砌，其间插满树枝，树枝上张挂五颜六色的经幡。风吹过的地方，经幡随风飘扬，风也会念经了。每年不同的季节，信众们自行去山巅拉则张挂风马旗，放飞隆达，煨桑念经，祈福天下苍生安康幸福。佛教世界里的拉则，从主体到内容，一直在不断地变化，而且各地略有不同。

如今，我们放眼望去，卡力岗山脉的分支尕加山、尕吾山、路曼山的确像三兄弟手牵手守护着卡力岗人民。如今的尕加山和尕吾山上，响应西部大开发退耕还林的政策号召，在绵延起伏的大山上种草种树，蔚然成林。因为山上居住着山神，人们的环保理念自然而然地形成了，保护山神的家园，就是保护了人类的家园。

垦 王

◎ 王德新

主任记者，供职于媒体。著有小说《三爷的社稷》等。

鲁中新泰，南去五十里，有个山清水秀的村庄，叫郗家峪。每逢节假日常有城里人慕名而来，一则欣赏风景，二则享受一杯清茶，三则见识传奇人物王传礼大叔。

72 岁，挑着上百斤的担子爬山，这就是王传礼的体魄，他垦荒，挑水，担粪，栽树，这种高强度劳动，已经坚持了 20 多年。

沿着王传礼踏出来的小路向瓢子头峪攀登。到达半山腰老王的石屋前时，游人已大汗淋漓，气喘吁吁地说不出话来。真难以想象王传礼是怎样把一担担水和粪挑上山来，又把一块块石头背下山去的。

王传礼的家，早就安到了半山腰。他承包的 3 个山峪，一个叫瓢子头峪，一个叫罗圈崖，一个叫庙峪，总共 300 多亩荒坡，现在已是绿荫满目、泉水潺潺，不亚于任何一处好景致。在这里，不仅能领略花香鸟语，而且能品鉴一杯泉水甘洌的清茶，更重要的是能结识这样一位垦荒老人，体会他的劳动能量，感受他的豪迈气概，让访客得到心灵上的“补钙”。

村里有一眼深泉，20多米深。过去，此泉每年都会出现干涸，而最近5年却始终水量丰沛，甘冽清澈，没有再干涸过。村民们把功劳记在了开荒植树的王传礼头上。每每谈起，总是流露出满满的钦佩。

村民们说，甭说别的，他的“吃苦”就没法学，崎岖的山坳，即便空手而行都会气喘吁吁，挑上沉重的担子，平常人走不了几步就浑身打战，口干舌燥，喉咙冒火。可这样的行程，王传礼一天能走十几趟。长年累月下来，原本无路可走的山坳，硬是被他踩出了一条条山路。

其实，村里的2000多亩荒山，早在20世纪80年代就包给了十几户村民，可是直到20世纪90年代，整整十年过去了，山还是照样荒着。农户们虽也栽过几茬树，可因为没有水，树根本不能成活。村民们不愿硬来，因为这无异于“拿鸡蛋碰石头”。

就在村民们植树绝望的时候，一直在镇里干后勤工作的王传礼，花300块钱从一位村民手中承包了瓢头子峪，从此开始了他的垦荒植树之路，也留下了一段段脍炙人口的传奇故事。王传礼这种“偏向虎山行”的胆识，让村民们刮目相看。

在王传礼看来，以往村民们栽树不活，是因为功夫不够。为此，他苦下功夫，“栽了死、死了栽”，一个树穴，别人栽三两茬就会放弃，而王传礼会一直补栽下去，直至成活。

曾有一棵树，王传礼补栽过18次。而为了这棵树成活，仅这一个树穴，他就挑了50多担水和粪。

为了植树造林，王传礼几乎把所有的钱都用上了，生活极为艰苦。2003年，一位姓唐的鞋厂老板偶然看到王传礼垦山植树的故事，深深地被打动了。回去后，他派人送来80双胶鞋。这些胶鞋帮上了大忙，时至今日，已经磨穿了60多双。

如果你来到山上，会看到8个藏在山坳里散落各处的用石片垒成的小石屋，小石屋极具原始部落风格，这是王传礼避风遮雨，中午就餐和放置农具的地方。它们无声地诉说着王传礼披星戴月、不避寒暑、舍身垦荒的一个个艰辛日子。

艰辛是可以计算出来的。以前山上栽树，一般是“就势挖坑”，王传礼为了增加山地涵养能力，硬把山坡整成了大大小小的梯田。在瓢头子峪，他硬啃了7年，有人计算过，仅堰坝他就垒砌了1.2万米，被村民风趣地称为“万米长城”。

1997年，王传礼又承包了罗圈崖和庙峪，又是硬啃4年，将这两片荒芜的山峪栽满了树。现在这三片山峪已经植树10万多株，杨树、柏树、香椿、柿子，还有桃李杏枣、石榴、山楂、樱桃、核桃等，树种不下30个，加上大酸枣、黄花菜、花椒等堰边作物，他的年收入达到了五六万元。更叫人高兴的是，郗家峪2300亩荒山、15个山峪、17家承包农户，在他的影响下，全由原先的“看山”变成了“开山植树”。

王传礼的过人之处，不仅表现在超人的体力上，还在于他有着不凡的智慧。承包庙峪后，王传礼遇到了一个令人头疼的问题，他遇到了“山神”。

据说，早年曾有村民在此开荒遭遇祸事，原因是惊动了“山神”。这当然是封建迷信，不足为信，可是当地人却对庙峪开荒心存大忌，从此无人敢想。对此，王传礼以其朴素的智慧破解了这个魔咒，他花一千多块钱，在庙峪上盖了一座小庙，为无处栖身的“山神”安了家，一切忌讳随之破解，他照样在“山神之地”开荒栽树，现在这片山峪已是林木成片、郁郁葱葱。

王传礼有着规律的饮食习惯。他的早餐比较讲究，两个鸡蛋不可或缺，有时还吃蒸包、水饺等，近乎精致和奢侈；而中午饭，四五个馒头雷打不动，尽管有点粗枝大叶，但是能量很足，大有“廉颇老矣尚能饭否”的豪迈气韵；而晚饭，则是蔬菜和稀饭，萝卜白菜，小米粥玉米糊，颇有行云流水、风卷残云的畅快和霸气。村民们认为，这份颇有个性的食谱，也许是他无人能比的原因所在。

想起村民们描述当年王传礼在开出的地上垒起堰坝，专注给小树苗浇水、松土时的话，我的脑海里不禁浮现出这样一幅画面：

“他种树的方式极像母亲孕育孩子：先在荒山上掀走一块块石头，平整好土地，用石头垒起一道道堰坝，再将树种、树苗栽上，然后日复一日地守候在旁边。纤细的树苗在贫瘠的土地里艰难地发芽、长高、结果。树，不是一棵、两棵，而是几万棵；守候的日子不是一天、两天，而是几十年。被人称作只长石头不长草的瓢头子峪，终于在他手下绿了。”

笔至文末，我终于想到一个满意的题目，琢磨出“垦王”这个名号。这个名号罩在王传礼头上还真贴切。

到永和看黄河

◎ 沈俊峰

中国作家协会会员，著有《在城里放羊》《在时光中流浪》《生命的红舞鞋》《正义的温暖》等，曾获冰心散文奖等多项文学奖项。

去永和，一直存有私心。以前看过乾坤湾的照片，被那大美震撼，从此无法忘记。“天下黄河九十九道湾，最美不过乾坤湾”。

从地图上看，黄河自兰州北上，奔至内蒙古，转身从准格尔南下，在大地上游走了一个无与伦比的“几”字，然后在陕西潼关附近继续东进，归入大海。

黄河南下有68公里流经永和，或许是对永和的厚爱和恩典，由北向南留下了七道大湾：英雄湾、永和关湾、郭家山湾、河浍里湾、白家山湾、仙人湾、于家咀湾，这七道湾像雄伟、壮阔的长龙，统称为乾坤湾。

为什么会叫乾坤湾呢？

我径直去了仙人湾。站上山巅，眼前是一派黄土高坡的世界，被绿植皴染得清清亮亮。黄河就在山下，我站立的山脚下。浩荡、辽阔、温驯、沉静、飘逸，像一条柔软的绸带，从峡谷间无声涌出，然后，飞扬出一个舒缓的大湾。大湾几乎形成了一个巨大的圆，在即将亲密合龙之时，却调皮地转身远去，连手也没有挥一下。碧空尽，天际流，唯见苍茫身影。诗仙说“黄河之水天上来”，可此情此景，分明是“黄河之水天上回”了！

我能看见眼前的仙人湾，却又清晰地看见了一个完整的乾坤湾。特写与全景，交替出现在脑海。站在这里，谁都会把自己融入这天地之情。我兴奋地拍了许多照片，然后迫不及待地发到了朋友圈。做完这一切，我坐在一块石头上，静静地看黄河。我想把自己坐成一块石头。这么安静的黄河，我应该有一颗安静的心，才能懂她。

很快，有人留言问我：黄河怎么没有咆哮呢？

是的，这个朋友和我一样，记忆中的黄河是咆哮的。“风在吼，马在叫，黄河在咆哮”，咆哮的经典或许是壶口瀑布，我还没有去过，但是，脑海中却有着无数次的记忆贮藏，奔腾、怒吼、不屈不挠、勇往直前，黄河似乎就是这个样子。我所站的这个山巅上，矗立着一块伤痕累累的巨石，镌刻着诗人光未然的诗句：“我站在高山之巅，望黄河滚滚，奔向东南。惊涛澎湃，掀起万丈狂澜；浊流宛转，结成九曲连环；从昆仑山下奔向黄海之边……”

然而，我眼前的黄河是安静的，沉默、静思、不动声色，就像拥抱着她的山川大地、黄土高坡，厚德载物，大爱无言，怜爱苍生。这应该是黄河的另外一种性情。一方水土养育一方人，黄河的性情也代表了她的子民，咆哮过，但是更多的却是静默和思索。而我们却往往忽视了她的静默和思索。

可是，我还是看到了她当初寻找道路的急迫、艰难、张皇，甚至是慌不择路，以及舍命的拼杀。她以求生向死的决心和力量，刺破一路上重重大山的围困，搏出了一条曲折而光明的大道，有了希望。这磅礴壮美的七道湾，不就是她在绝望中左冲右突的见证吗？乾坤湾的大美，也正是她艰难而闪光的足迹。她把喜怒哀乐都写在了脸上，真实、真诚。对大地忠诚，对子民忠诚。我相信真诚的力量。真诚包含了什么呢？真，肝胆相照；诚，推心置腹、不遮风云。

忽然觉得黄河变得抽象起来，像一个符号，代表了苦难和沧桑，也代表了力量和信仰，苍老得像失去了时间概念的远古歌谣。有多苍老呢？我无法想象，据说是一百六十多万年。然而，这个符号一直在心里，就像她的姊妹长江，让人心中踏实。此刻，她以水的柔情，再一次征服了我的灵魂。我看着她，她也在看着我，彼此无言，却似心有灵犀。我明白了，为什么每次面对黄河，我都会莫名地激动……

“从哪里能下到黄河去呢？”我很想跳进黄河，感受她胸怀的温暖。让我惊喜的是，于家咀湾就有一条沙石公路，可以直接将汽车开到黄河边上。

我还是第一次这么近距离地站在黄河边上，倾听她的喘息和血脉的律动。她是那么伟岸和雄阔，我又是那么渺小，不值一提。我激动，不敢下水，在岸边徘徊。河滩上有一片大大小小的石头，被冲刷得圆圆润润。无法想象这些石头的生命长久，唯有感动和敬畏。我捡起一个比拳头大些的河卵石，上面有一幅水墨山水般的图案，像一幅江山写意图。我如获至宝，决定把它带回家。因为看见它，我就像在黄河的怀抱里，不再孤寒。

脱了鞋袜，小心翼翼地趟进黄河。那个感觉，真是奇妙。

都说跳进黄河洗不清，如果心中透亮，怎会洗不清呢？

浅水处裸露出一块长条形的沙滩。走上去，柔软湿滑，细腻如粉。脚埋进去，轻轻晃动，细沙会在水的作用下，悠悠颤颤，像极了细嫩的豆腐脑儿。忽地明白，这哪里是细沙，分明是沙面，是河水沉淀下来的细面一样的沙，那该有多细啊。走在河滩上，一双脚像是被丝绸包裹了，又像是踏在丝绸的地毯。

我和同伴都下了水，快乐如孩童，在水面上来回走，在沙面上来回走，不知疲倦，撩水、嘶喊、欢笑、跳跃，引得岸上的人也一起跟着欢笑。我试探着想往深处走，可是那幽深和流速，让我霎时清醒：这是举世无双的黄河！

河面上，有槐花的清香盈盈飘来，那是永和的槐花。有遥远的歌声袅袅传来，那是黄河的歌谣。有坚硬的温暖涌上心头，那是黄河的真诚。

到永和去看黄河吧。一个“和”字，穷尽了天下智慧，多少大书能解释得了？但是，乾坤湾自会给你答案。

鄱阳湖的“金丘时光”

◎ 高明亮

自由撰稿人，曾是资深媒体人，大量新闻作品和文章散见于各大报刊。

“癸丑之三月晦，自宁海出西门。云散日朗，人意山光，俱有喜态。三十里，至梁隍山。”

这是徐霞客《游天台山日记》的开头。想起这个开篇，是因为“中国旅游日”的即将到来。

此时的我在鄱阳县的湖光山色中，远望四周，平畴、水泊与丘陵星罗棋布，不禁让我遥想起徐霞客出游时与母亲分别的故事，遥想起朱元璋和陈友谅的世纪大战，心中慢慢浮现出《扬州慢》的作者宋代大词人姜夔在斜阳下的身影。

鄱阳县水域面积近950平方公里，有中国第一大淡水湖之称的鄱阳湖约有313平方公里水域在其范围内。鄱阳县境内有大小河流225条，总长两千多公里，大中小型水库359座，总库容6.5亿立方米，“千湖之城”当之无愧。历史上，鄱阳湖因鄱阳县而得名，今日的鄱阳县，又因鄱阳湖而扬名。

去年6月鄱阳湖开湖节时，我前往鄱阳湖国家湿地公园，与朋友乘坐游船亲近鄱阳湖，充分感受了鄱阳县的“湖光”。

今年此时，我又来到鄱阳县的高家岭镇、古县渡镇、游城乡和滨田水库的交会处，在青丘滑草场旁看着欢快的孩子们滑草的身影，倍加欣喜地感受到了鄱阳县的“山色”。

徜徉在千湖之城的山色中，湛蓝的天空，阳光下的树影静舞，与远处隐约的群山构成了一幅多彩的画卷，山水林田湖草与人自然地融合在一起，奏响一曲天地人和的篇章。

天地之间四季不断变换，而金黄色始终伴随着这片迷人的土地。马家柚的果实是金黄的，黄金茶的叶片是金黄的，山中的竹笋是金黄的，满山遍野的油茶树榨出的油是金黄的，稻田中的稻穗是金黄的，油菜花开时更是满世界都是金黄的，让人进入梦幻般的“金丘时光”中。

站在昌江河畔的古渡口忆客帆远水、秋月钓船、孤篷落日，天地悠悠间皆是熙熙古人和攘攘来者。拥有十万人口的古县渡镇，曾为秦末汉初鄱阳古县邑治所，已有2000多年的建镇史，一河两岸，风光无限，多少船儿曾在渡口入眠。“古县渡”由乌篷船变成官渡船，再变成挂机铁船，最后变成能同时承载6部小车的拖船，千年流光就这样把人儿抛……

游城乡有一座叫“花”的桥，是古徽州的山货和昌南镇（今景德镇）的烘货南下广州，陆地过境饶州时的必经之路。“村内村，重重溪；坦对坦，田叠叠”，一句童谣般的打油诗“五十里岗长又长，六十里花桥好风光，七十里游城闹洋洋”，道尽鄱阳人对花桥的爱。

在风和日丽中邂逅黄金茶山、溪流油茶基地、水稻田、滨田水库、青丘滑草场，我不由想起习近平总书记所说的“山水林田湖是一个生命共同体，人的命脉在田，田的命脉在水，水的命脉在山，山的命脉在土，土的命脉在树。”在这里，形成了以生命共同体为代表的生态文化，山水林田湖草与人一起构成了最和谐的生命共同体，这也是我期待的鄱阳湖畔以山色为主体、蕴含收获之意的“金丘时光”。

你听，那花桥村溪流畔的水车，正在诉说着悠久的历史；你看，那凉亭中休憩的大爷大妈们，默默地感受着时光渐渐远去；古县渡的龙舟赛让河水沸腾，高家岭的词曲文化让“闲人”们“沉沦”，滨田水库的晨光美得让人心颤。

文化是旅游的灵魂，最好的方式应该是在保留文化的基础上呼应现代人的需求，让人们看到文化、触摸文化、学习文化，让诗和远方交相辉映。文化旅游融合，不仅是表面的物质融合，更是游人心灵的共鸣。文化旅游融合发展未必要钻到故纸堆中，在这天地之间和天人之间，与山光水色难舍难分，与古往今来缠缠绵绵，会让人们感受到自己心灵深处别有洞天。

与天地对话，与历史共鸣，就是最大的文化；放飞心灵，摆脱羁绊，就是最大的旅游。文化是诗，旅游是远方，有了美好的湖光山色，无论是身边的亮丽实景还是心中的浮想联翩，诗和远方都将来陪伴。或许哪天会突然领会，文化与旅游的融合除了外在的努力，更多的是游人心灵的触动，两者相辅相成。五千年中华文明为我们留下的各地历史文化可以与旅游融合，在大千世界的湖光山色中，生态文化更是可以与旅游完美融合。

在浮躁的现代社会生活中，或许祖先身上流淌的诗意已经淡化，但是虚拟现实和增强现实等形成的科技力量，又为人们借助工具充分放飞梦想提供了新的可能，各种文化与科技联姻的大型实景演出，各类虚拟空间体验，都让人们乐此不疲，并真切地感受到，远方有时候在他乡，有时候却在咫尺之间。

聆听着鄱阳湖畔的天籁之音，远远地，看到金灿灿的余晖，在湖光山色中映射出耀眼的霞光，远方的小镇，被阳光勾画成“蓬莱仙岛”的剪影。在渔舟唱晚中，让我不由吟哦起王勃《滕王阁序》中的“落霞与孤鹜齐飞，秋水共长天一色”，忽而想到，前几天在太行山路过河北内丘县冯唐村时，心里浮现出的王勃《滕王阁序》中的“冯唐易老，李广难封”，彼地彼时远隔千里、穿越千年，竟然就这样神奇地结缘了，一切都简简单单、自然而然。